1.

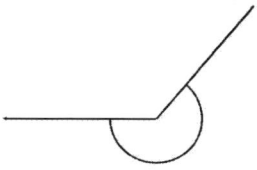

....

2.

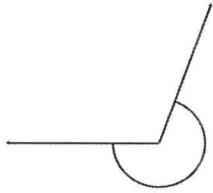

....

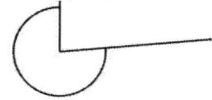

....

4.

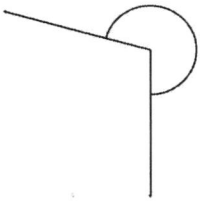

....

5.

....

6.

....

7.

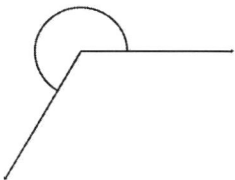

....

8.

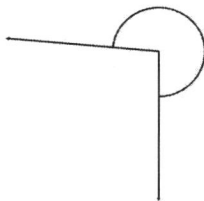

....

9.

....

10.

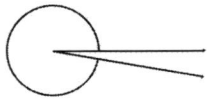

....

11.

....

12.

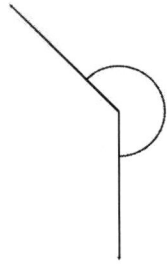

....

13.

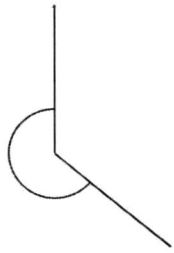

....

14.

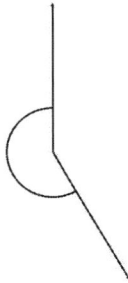

....

15.

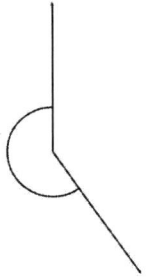

....

16.

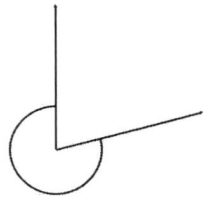

....

17.

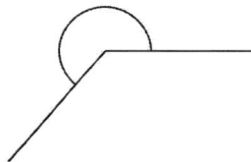

....

18.

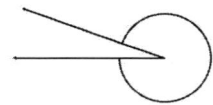

....

19.

....

20.

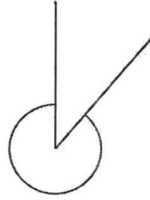

....

21.

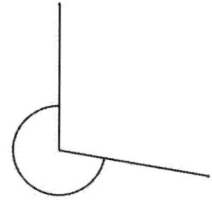

....

22.

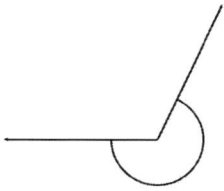

....

23.

....

24.

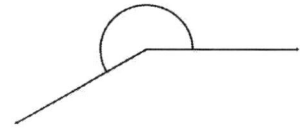

....

25.

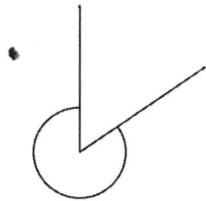

....

26.

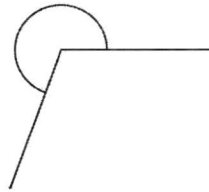

....

27.

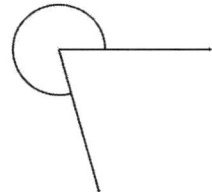

....

28.

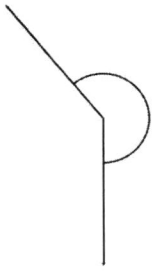

....

29.

....

30.

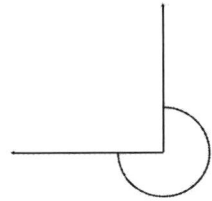

....

31.

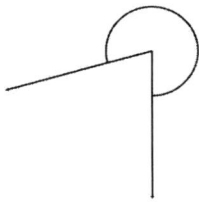

....

32.

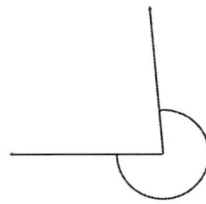

....

33.

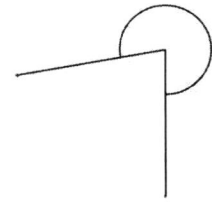

....

34.

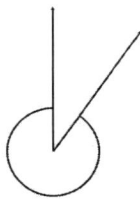

....

35.

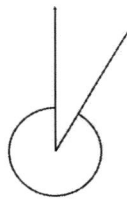

....

36.

....

37.

....

38.

....

39.

....

40.

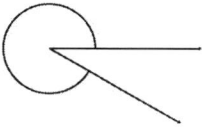

....

41.

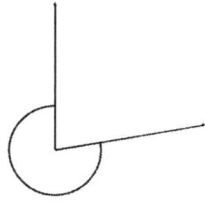

....

42.

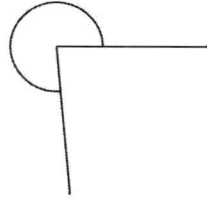

....

43.

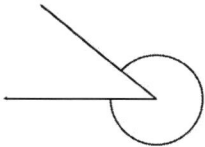

....

44.

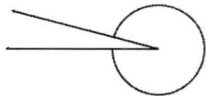

....

45.

....

46.

....

47.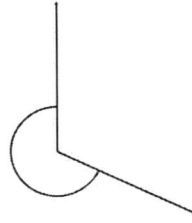

....

48.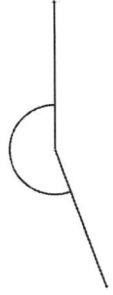

....

49.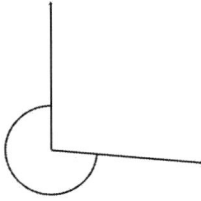

....

50.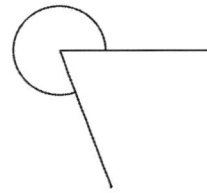

....

51.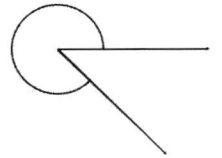

....

52.

....

53.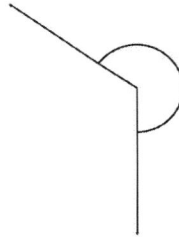

....

54.

....

55.

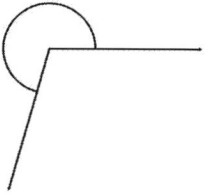

....

56.

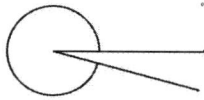

....

57.

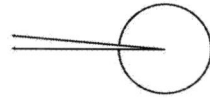

....

58.

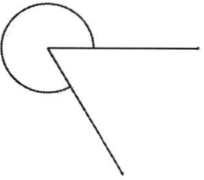

....

59.

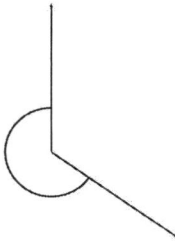

....

60.

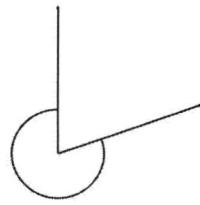

....

61.

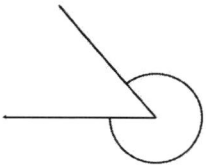

....

62.

....

63.

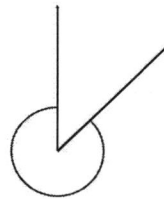

....

64.

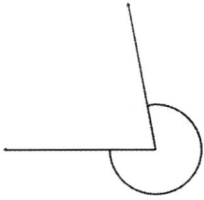

....

65.

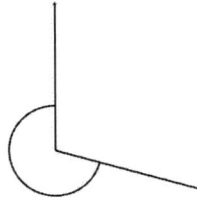

....

66.

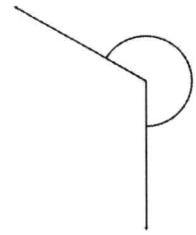

....

67.

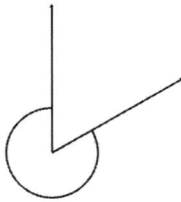

....

68.

....

69.

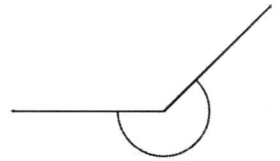

....

70.

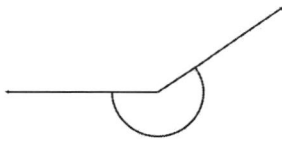

....

71.

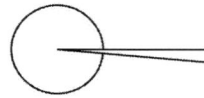

....

72.

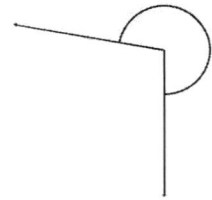

....

73.

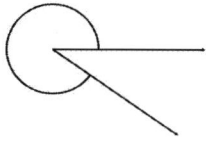

....

74.

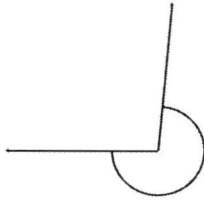

....

75.

....

76.

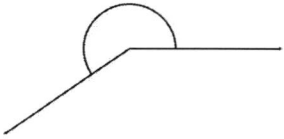

....

77.

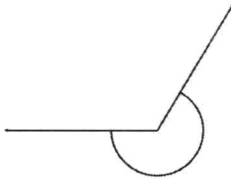

....

78.

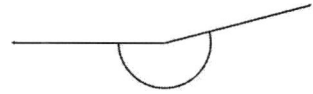

....

79.

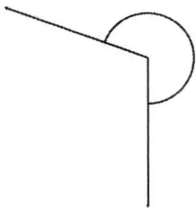

....

80.

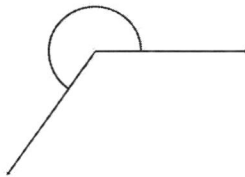

....

81.

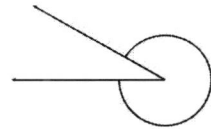

....

82.

....

83.

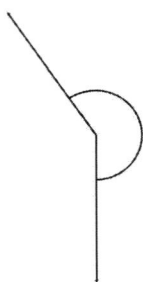

....

84.

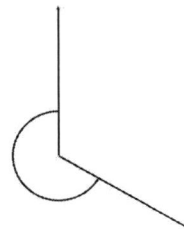

....

85.

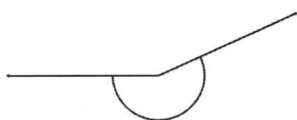

....

86.

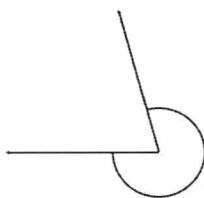

....

87.

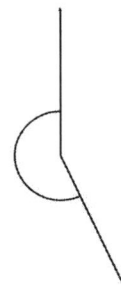

....

88.

....

89.

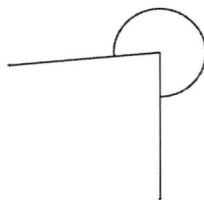

....

90.

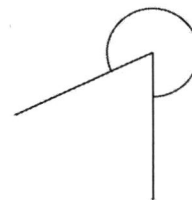

....

91.

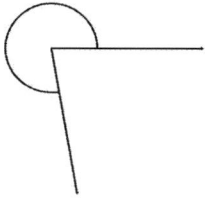

....

92.

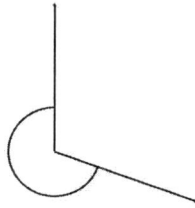

....

93.

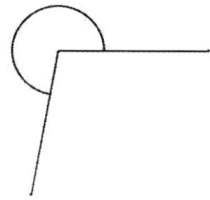

....

94.

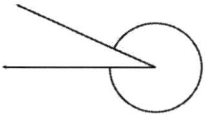

....

95.

....

96.

....

97.

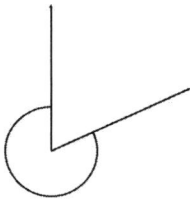

....

98.

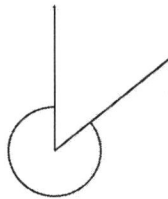

....

99.

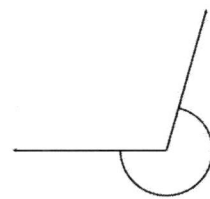

....

100.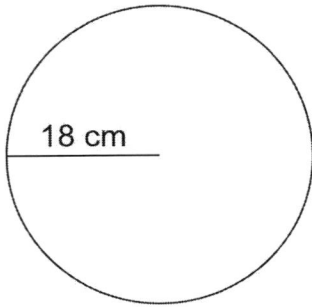

18 cm

101.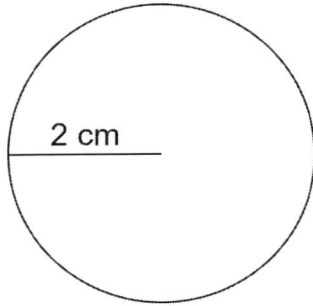

2 cm

102.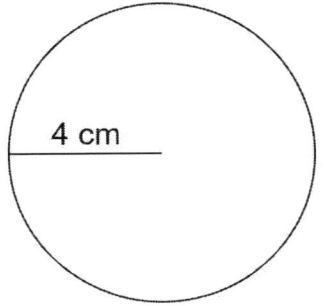

4 cm

103.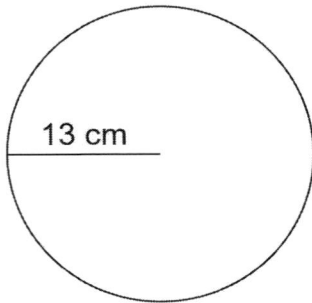

13 cm

104.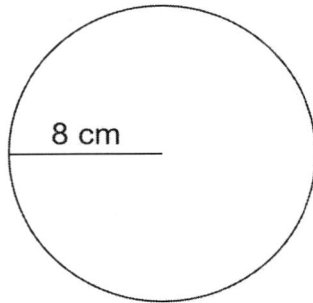

8 cm

105.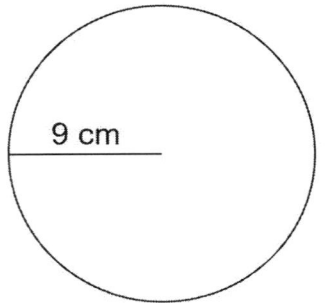

9 cm

106.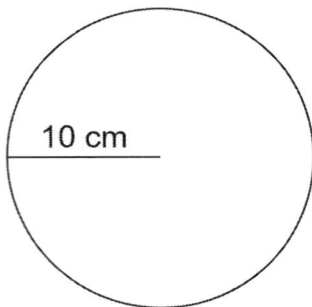

10 cm

107.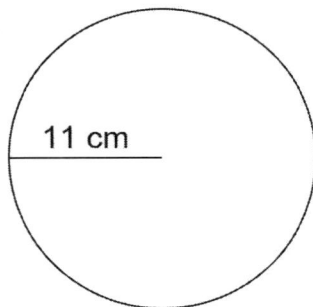

11 cm

108.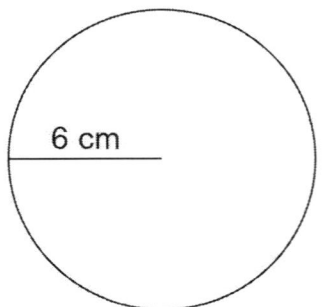

6 cm

109.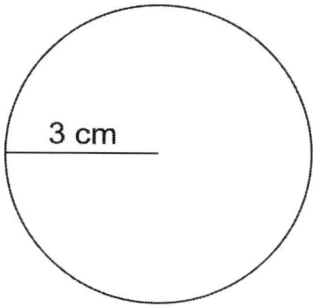

3 cm

....
....

110.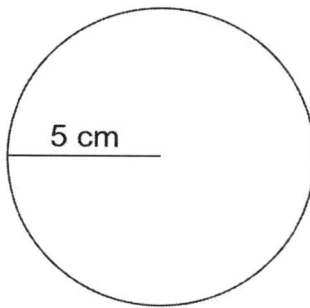

5 cm

....
....

111.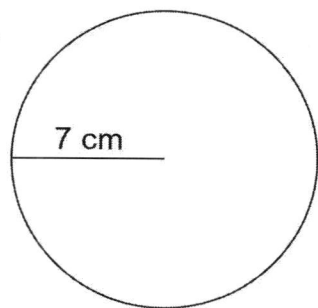

7 cm

....
....

112.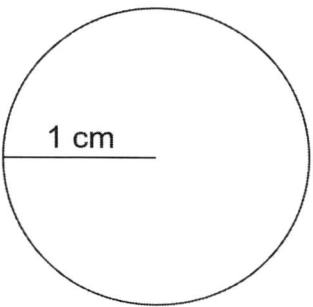

1 cm

....
....

113.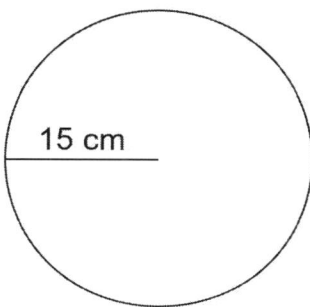

15 cm

....
....

114.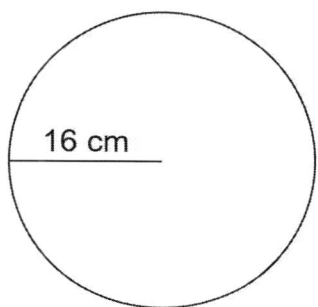

16 cm

....
....

115.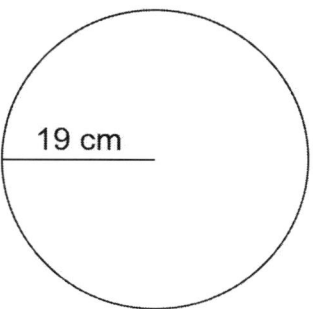

19 cm

....
....

116.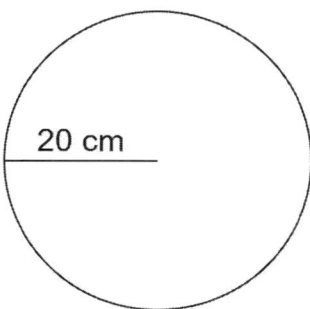

20 cm

....
....

117.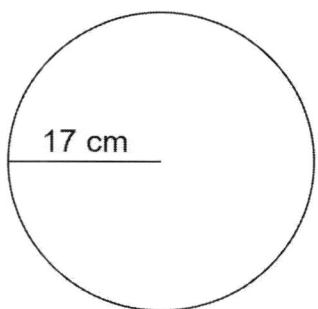

17 cm

....
....

118.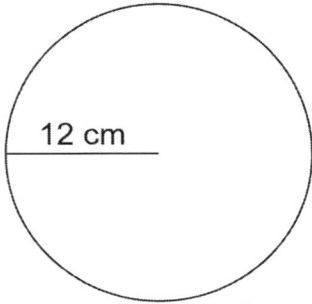

119.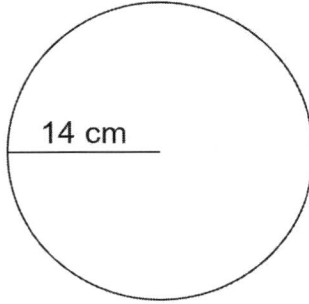

120.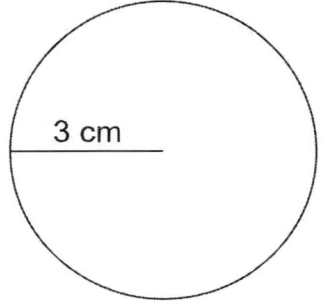

121.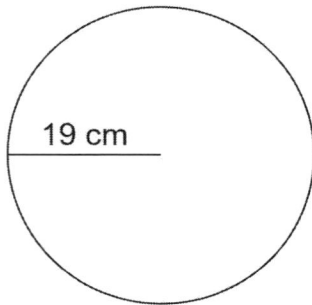

122.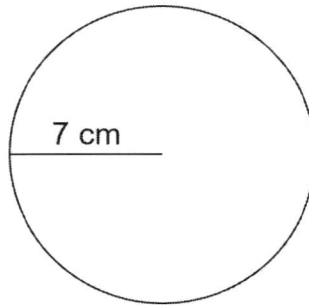

123.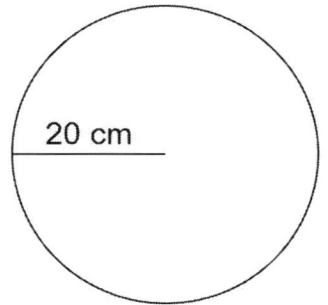

124.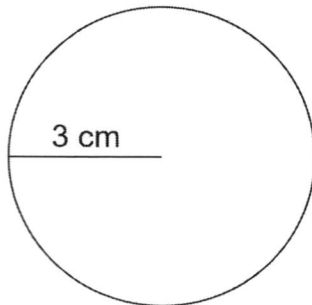

125.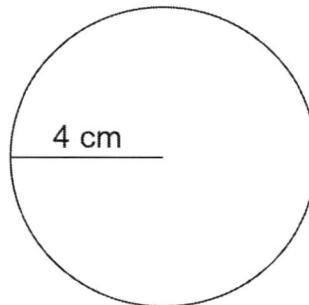

126.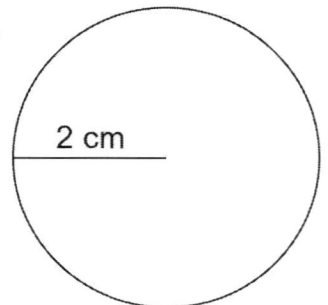

127.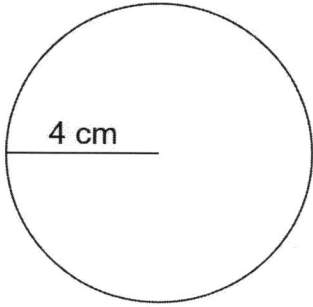

4 cm

....
....

128.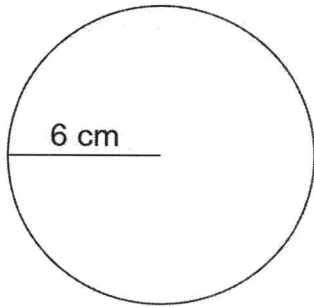

6 cm

....
....

129.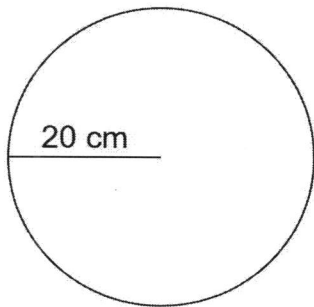

20 cm

....
....

130.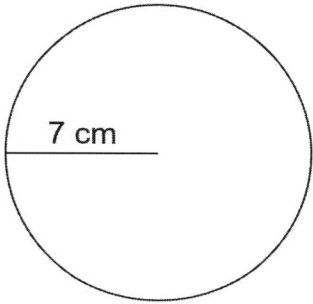

7 cm

....
....

131.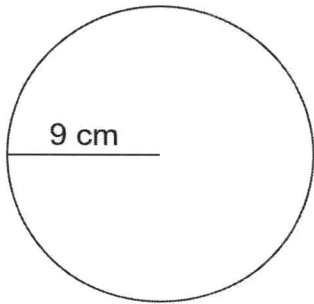

9 cm

....
....

132.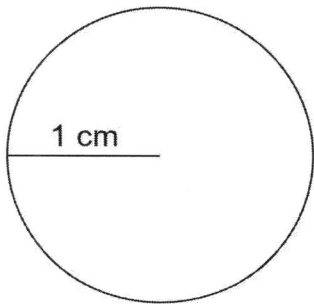

1 cm

....
....

133.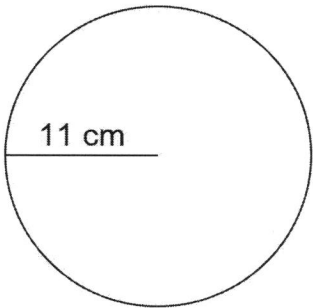

11 cm

....
....

134.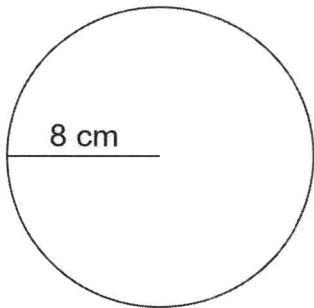

8 cm

....
....

135.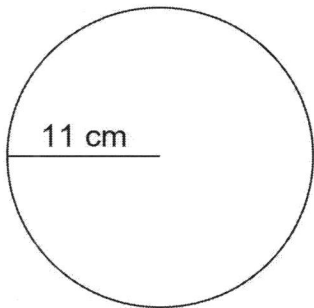

11 cm

....
....

136.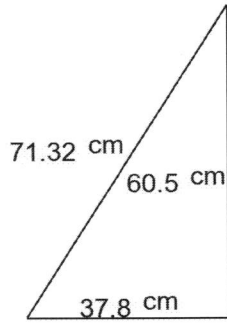

71.32 cm
60.5 cm
37.8 cm

....

137.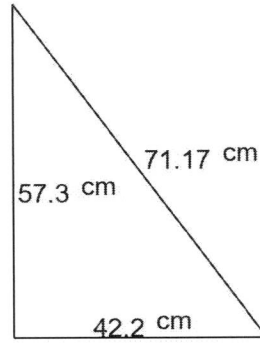

57.3 cm
71.17 cm
42.2 cm

....

138.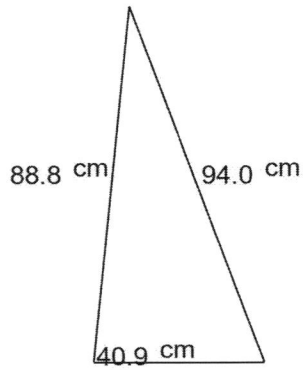

88.8 cm
94.0 cm
40.9 cm

....

139.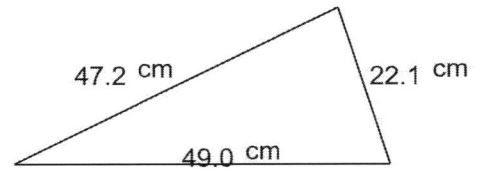

47.2 cm
22.1 cm
49.0 cm

....

140.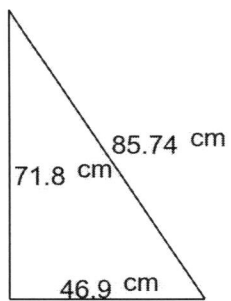

85.74 cm
71.8 cm
46.9 cm

....

141.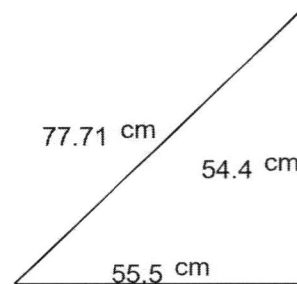

77.71 cm
54.4 cm
55.5 cm

....

142.

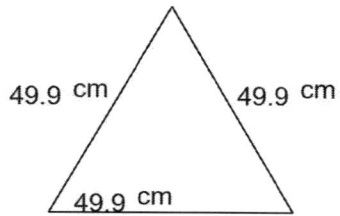

49.9 cm   49.9 cm

49.9 cm

....

143.

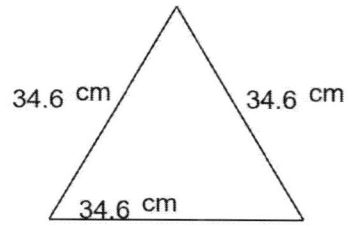

34.6 cm   34.6 cm

34.6 cm

....

144.

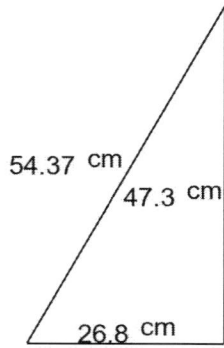

54.37 cm

47.3 cm

26.8 cm

....

145.

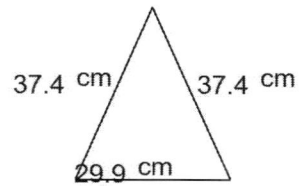

37.4 cm   37.4 cm

29.9 cm

....

146.

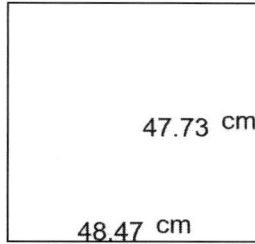

47.73 cm

48.47 cm

....

147.

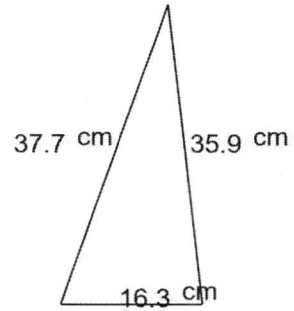

37.7 cm   35.9 cm

16.3 cm

....

148.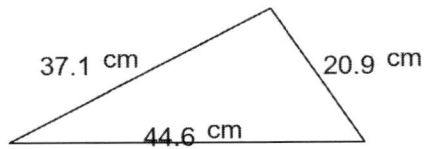

37.1 cm   20.9 cm

44.6 cm

....

149.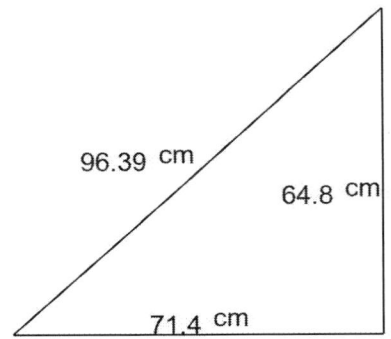

96.39 cm   64.8 cm

71.4 cm

....

150.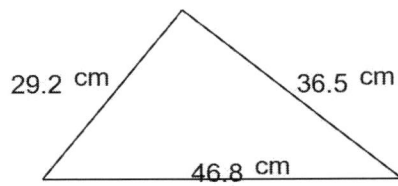

29.2 cm   36.5 cm

46.8 cm

....

151.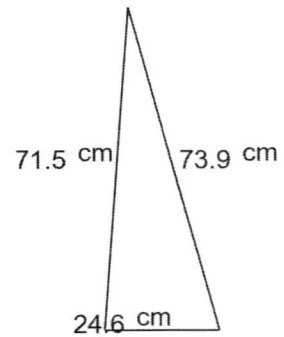

71.5 cm   73.9 cm

24.6 cm

....

152.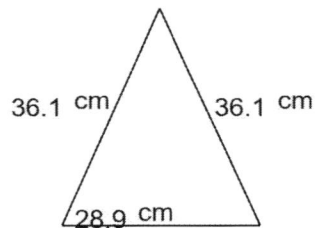

36.1 cm   36.1 cm

28.9 cm

....

153.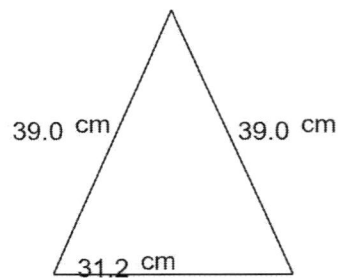

39.0 cm   39.0 cm

31.2 cm

....

154.

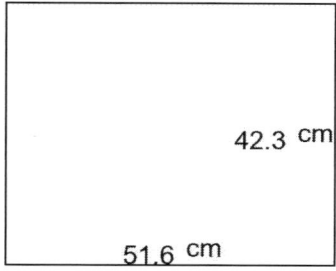

42.3 cm

51.6 cm

....

155.

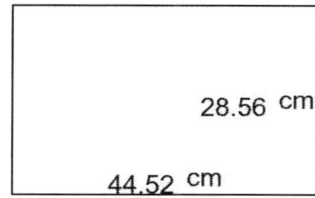

28.56 cm

44.52 cm

....

156.

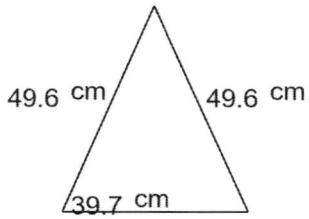

49.6 cm   49.6 cm

39.7 cm

....

157.

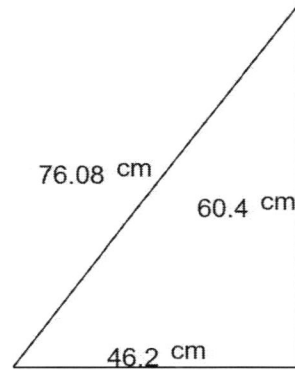

76.08 cm

60.4 cm

46.2 cm

....

158.

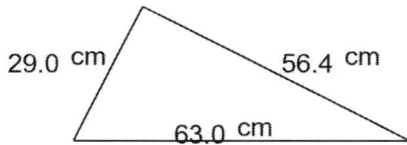

29.0 cm   56.4 cm

63.0 cm

....

159.

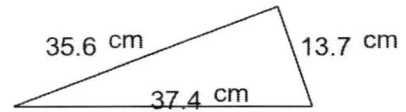

35.6 cm   13.7 cm

37.4 cm

....

160.

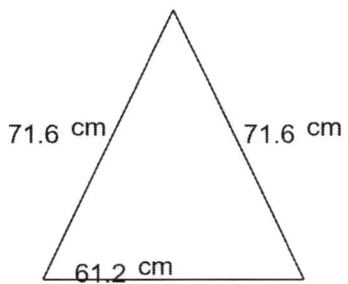

71.6 cm   71.6 cm

61.2 cm

....

161.

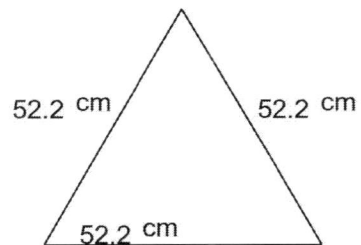

52.2 cm   52.2 cm

52.2 cm

....

162.

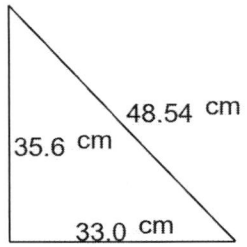

48.54 cm

35.6 cm

33.0 cm

....

163.

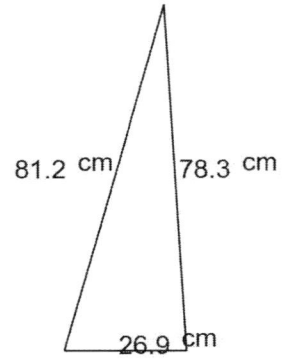

81.2 cm   78.3 cm

26.9 cm

....

164.

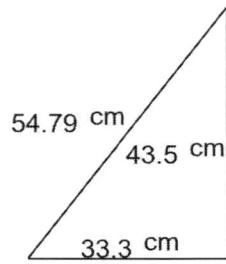

54.79 cm

43.5 cm

33.3 cm

....

165.

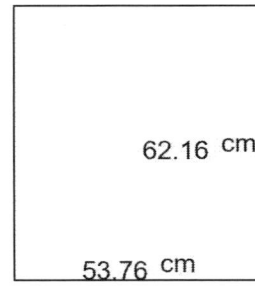

62.16 cm

53.76 cm

....

166.

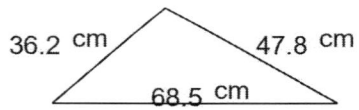

36.2 cm   47.8 cm

68.5 cm

....

167.

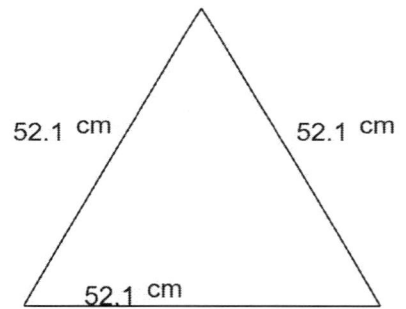

52.1 cm   52.1 cm

52.1 cm

....

168.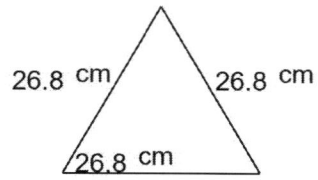

26.8 cm 26.8 cm

26.8 cm

....

169.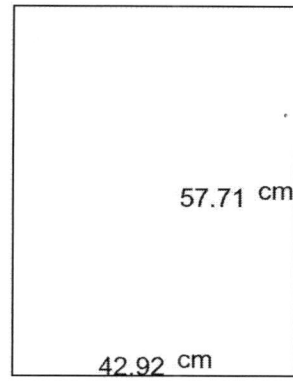

57.71 cm

42.92 cm

....

170.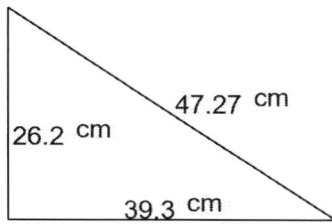

47.27 cm

26.2 cm

39.3 cm

....

171.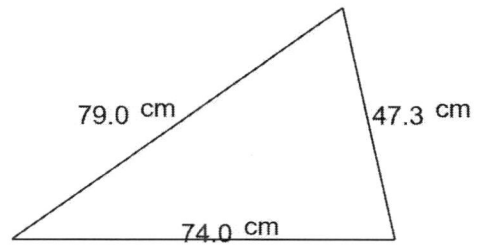

79.0 cm 47.3 cm

74.0 cm

....

172.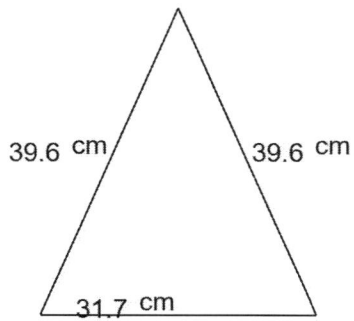

39.6 cm 39.6 cm

31.7 cm

....

173.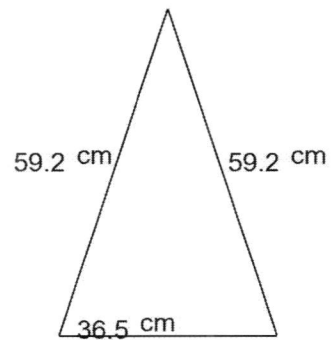

59.2 cm 59.2 cm

36.5 cm

....

174.

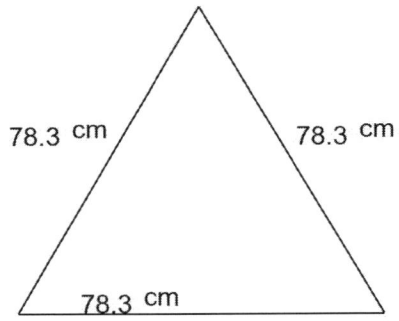

78.3 cm   78.3 cm

78.3 cm

....

175.

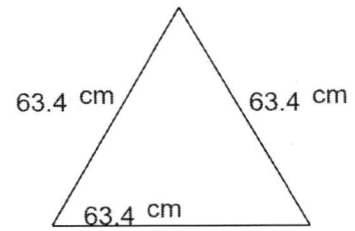

63.4 cm   63.4 cm

63.4 cm

....

176.

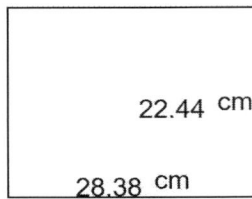

22.44 cm

28.38 cm

....

177.

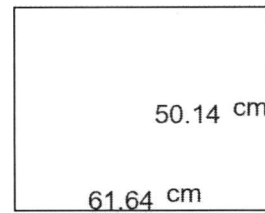

50.14 cm

61.64 cm

....

178.

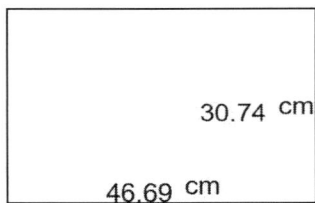

30.74 cm

46.69 cm

....

179.

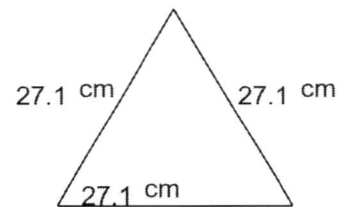

27.1 cm   27.1 cm

27.1 cm

....

180.

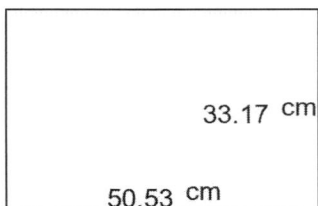

33.17 cm

50.53 cm

....

181.

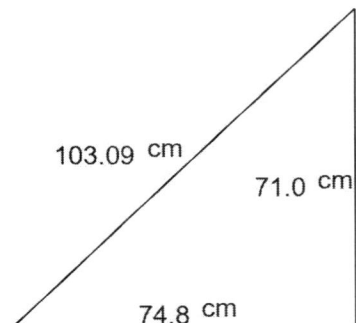

103.09 cm   71.0 cm

74.8 cm

....

182.

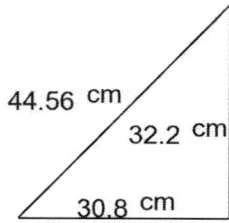

44.56 cm

32.2 cm

30.8 cm

....

183.

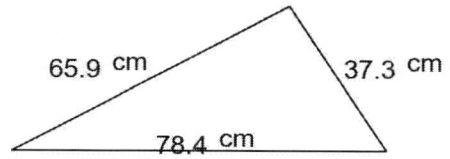

65.9 cm

37.3 cm

78.4 cm

....

184.

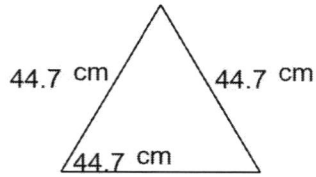

44.7 cm

44.7 cm

44.7 cm

....

185.

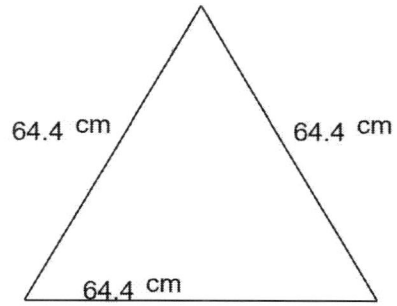

64.4 cm

64.4 cm

64.4 cm

....

186.

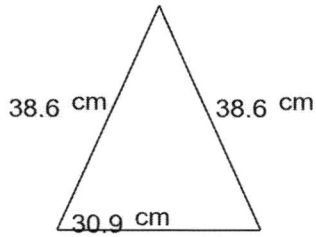

38.6 cm

38.6 cm

30.9 cm

....

187.

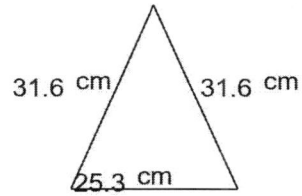

31.6 cm

31.6 cm

25.3 cm

....

188.

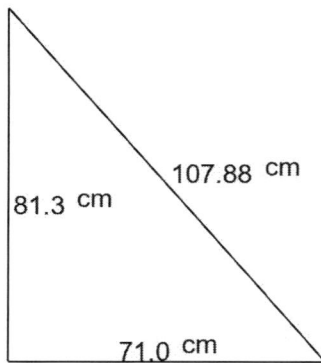

81.3 cm

107.88 cm

71.0 cm

....

189.

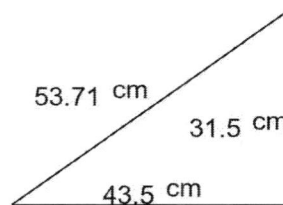

53.71 cm

31.5 cm

43.5 cm

....

190.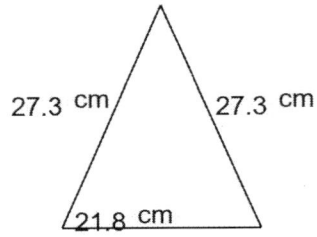

27.3 cm   27.3 cm

21.8 cm

....

191.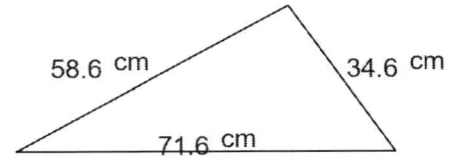

58.6 cm   34.6 cm

71.6 cm

....

192.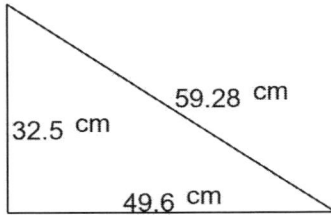

59.28 cm

32.5 cm

49.6 cm

....

193.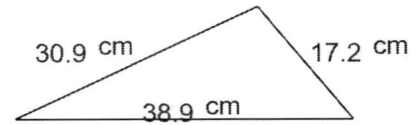

30.9 cm   17.2 cm

38.9 cm

....

194.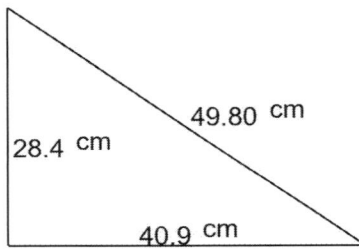

49.80 cm

28.4 cm

40.9 cm

....

195.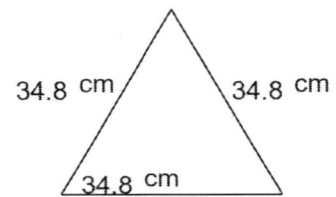

34.8 cm   34.8 cm

34.8 cm

....

196.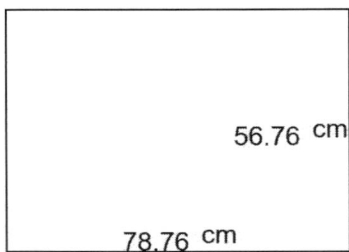

56.76 cm

78.76 cm

....

197.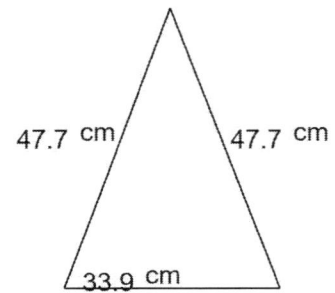

47.7 cm   47.7 cm

33.9 cm

....

198.

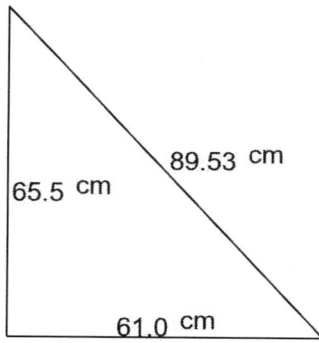

65.5 cm 89.53 cm 61.0 cm

....

199.

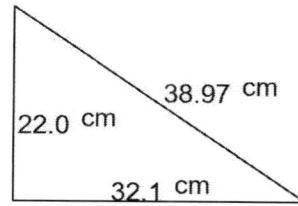

22.0 cm 38.97 cm 32.1 cm

....

200.

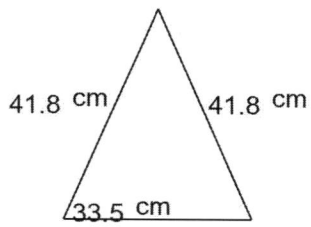

41.8 cm 41.8 cm 33.5 cm

....

201.

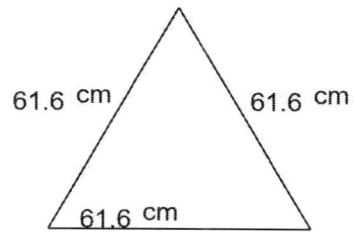

61.6 cm 61.6 cm 61.6 cm

....

202.

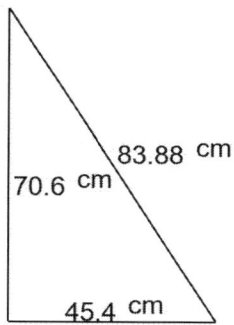

83.88 cm 70.6 cm 45.4 cm

....

203.

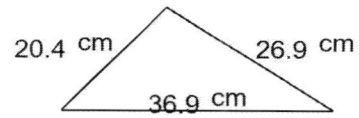

20.4 cm 26.9 cm 36.9 cm

....

204.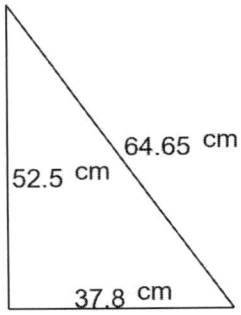

64.65 cm

52.5 cm

37.8 cm

....

205.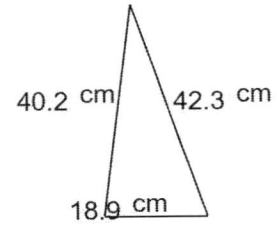

40.2 cm   42.3 cm

18.9 cm

....

206.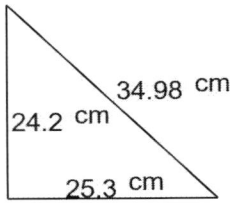

34.98 cm

24.2 cm

25.3 cm

....

207.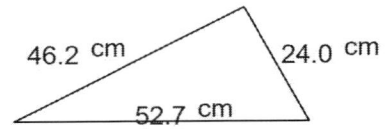

46.2 cm   24.0 cm

52.7 cm

....

208.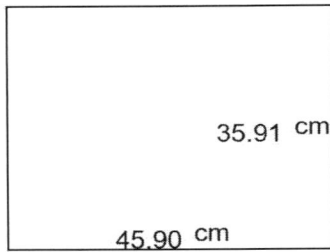

35.91 cm

45.90 cm

....

209.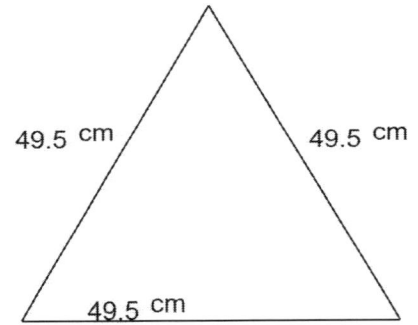

49.5 cm   49.5 cm

49.5 cm

....

210.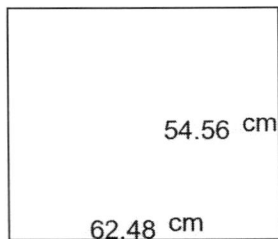

54.56 cm

62.48 cm

....

211.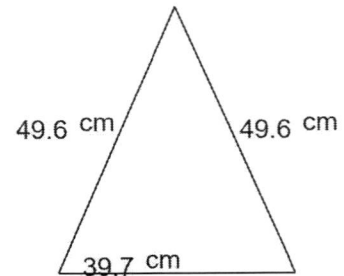

49.6 cm   49.6 cm

39.7 cm

....

212.

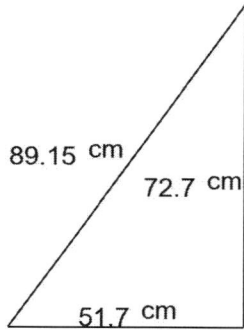

89.15 cm

72.7 cm

51.7 cm

....

213.

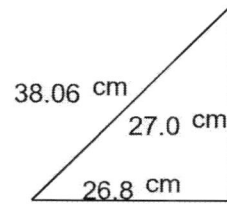

38.06 cm

27.0 cm

26.8 cm

....

214.

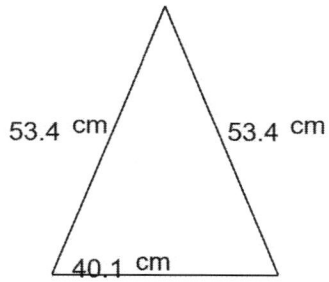

53.4 cm

53.4 cm

40.1 cm

....

215.

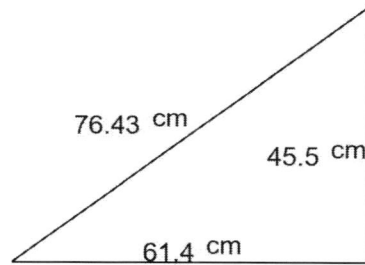

76.43 cm

45.5 cm

61.4 cm

....

216.

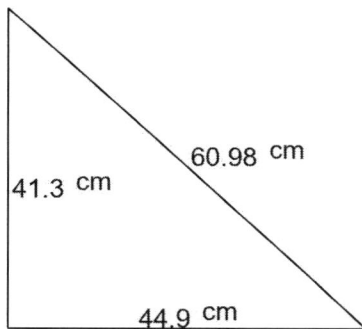

60.98 cm

41.3 cm

44.9 cm

....

217.

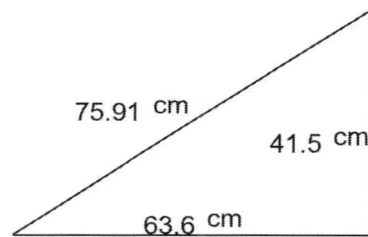

75.91 cm

41.5 cm

63.6 cm

....

218.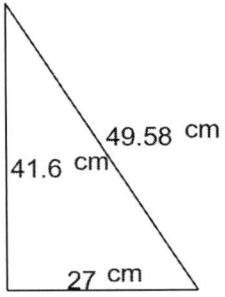

49.58 cm
41.6 cm
27 cm

....

219.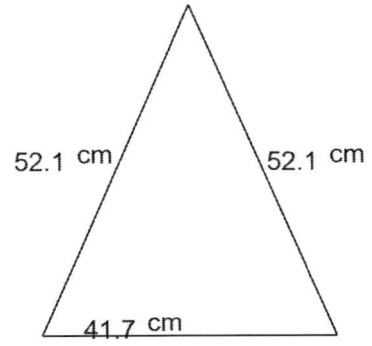

52.1 cm   52.1 cm
41.7 cm

....

220.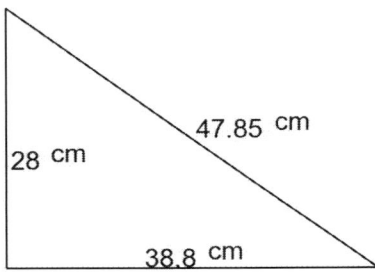

47.85 cm
28 cm
38.8 cm

....

221.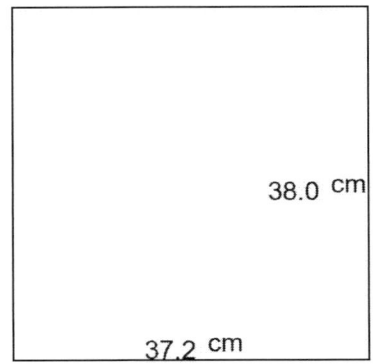

38.0 cm
37.2 cm

....

222.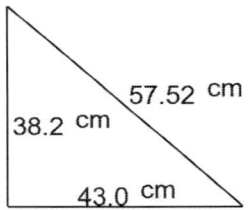

57.52 cm
38.2 cm
43.0 cm

....

223.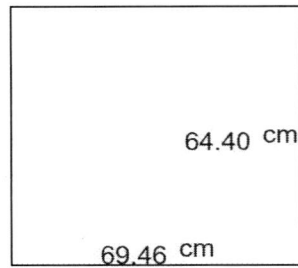

64.40 cm
69.46 cm

....

224.

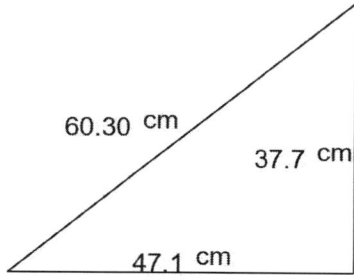

60.30 cm
37.7 cm
47.1 cm

....

225.

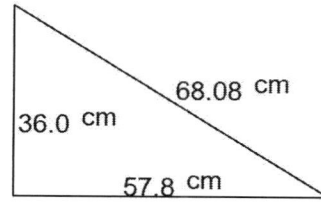

68.08 cm
36.0 cm
57.8 cm

....

226.

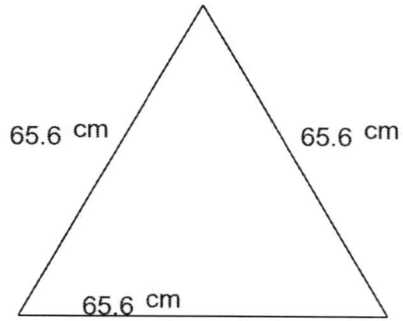

65.6 cm
65.6 cm
65.6 cm

....

227.

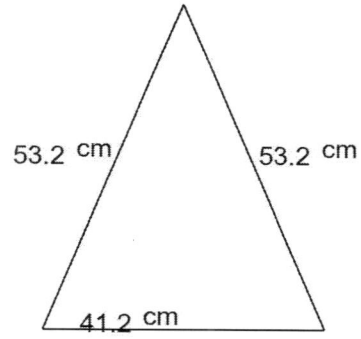

53.2 cm
53.2 cm
41.2 cm

....

228.

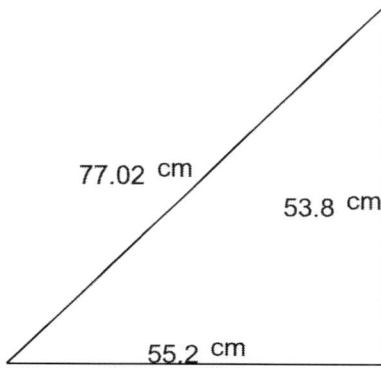

77.02 cm
53.8 cm
55.2 cm

....

229.

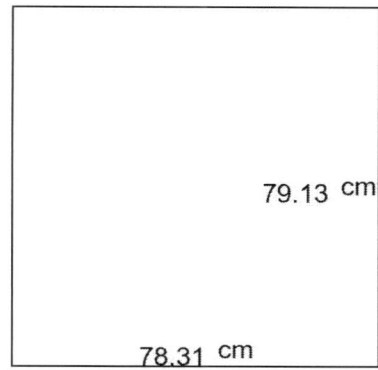

79.13 cm
78.31 cm

....

230.

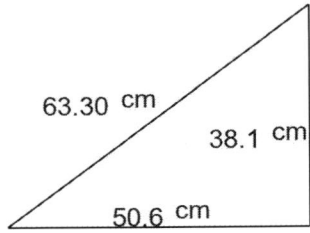

63.30 cm
38.1 cm
50.6 cm

....

231.

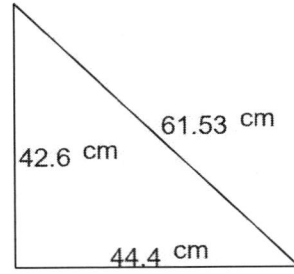

61.53 cm
42.6 cm
44.4 cm

....

232.

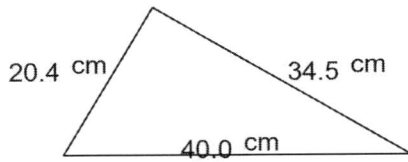

20.4 cm
34.5 cm
40.0 cm

....

233.

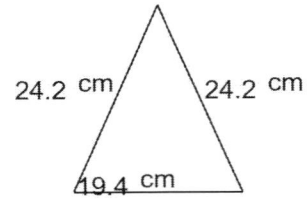

24.2 cm
24.2 cm
19.4 cm

....

234.

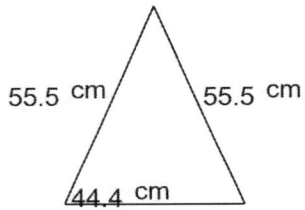

55.5 cm
55.5 cm
44.4 cm

....

235.

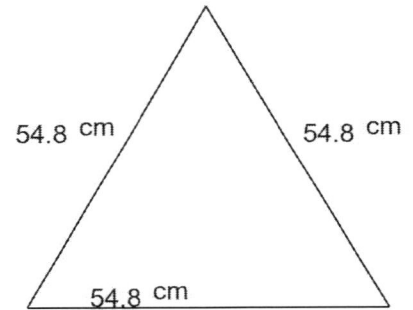

54.8 cm
54.8 cm
54.8 cm

....

236.

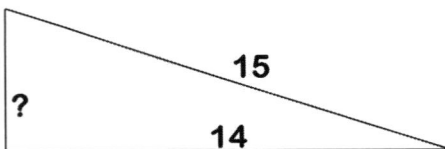

15
?
14

....

237.

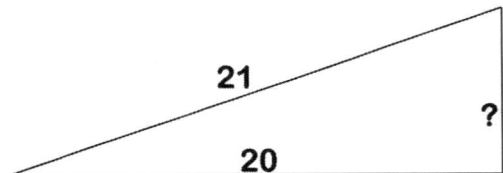

21
?
20

....

238.

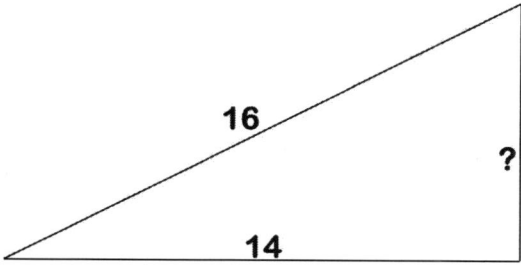

16
14
?

239.

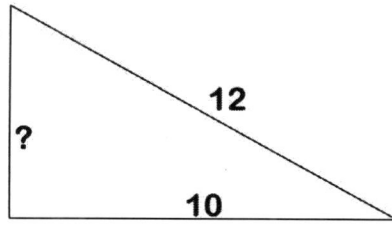

12
?
10

240.

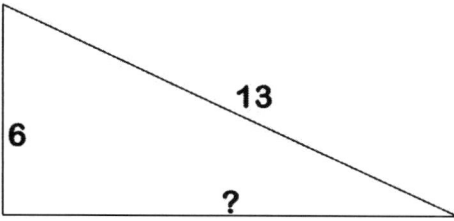

13
6
?

241.

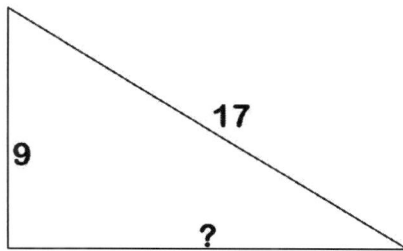

17
9
?

242.

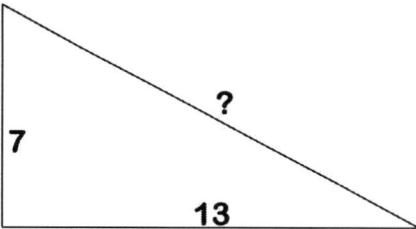

?
7
13

243.

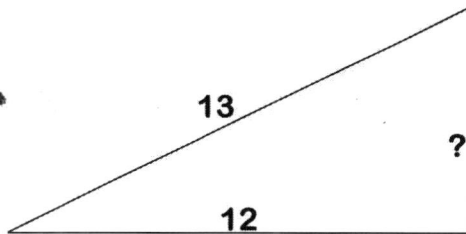

13
?
12

244.

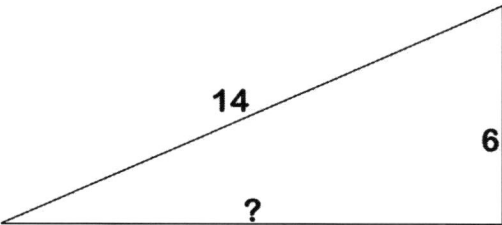

14
6
?

245.

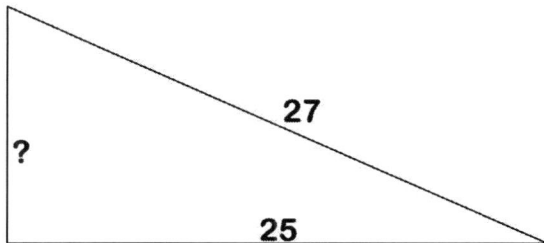

27
?
25

246.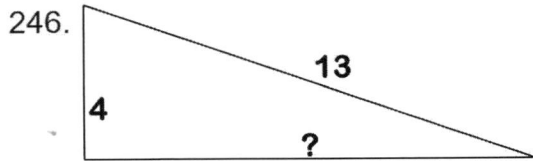

....

247.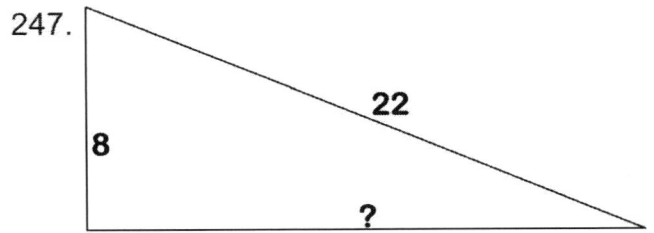

....

248.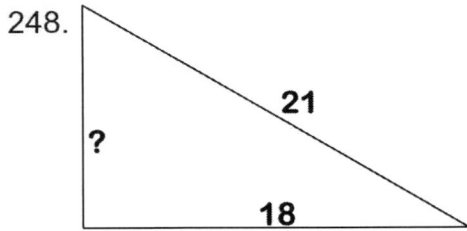

....

249.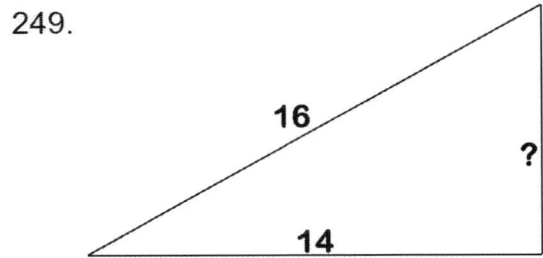

....

250.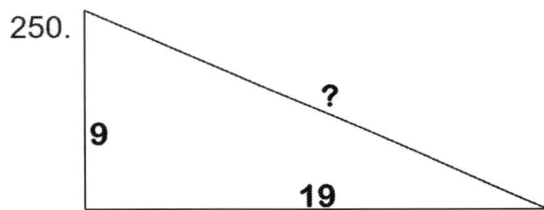

....

251.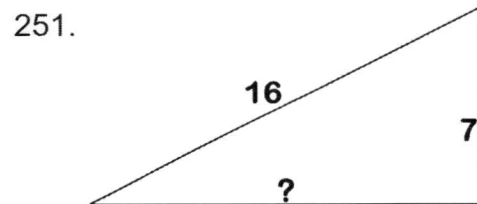

....

252.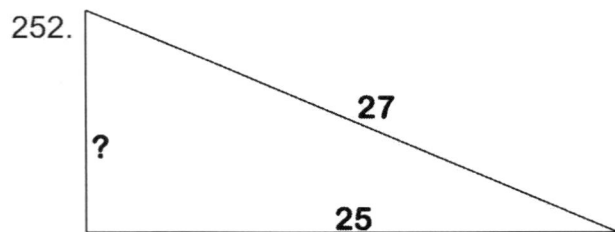

....

253.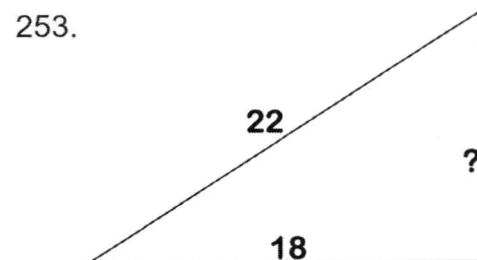

....

254.

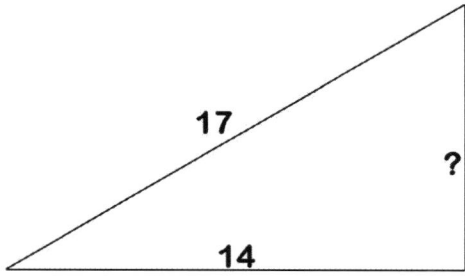

....

255.

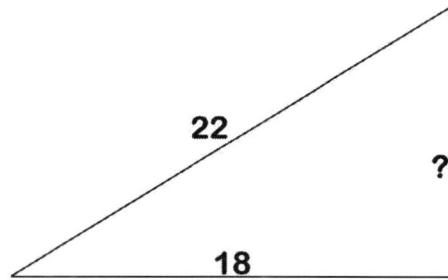

....

256.

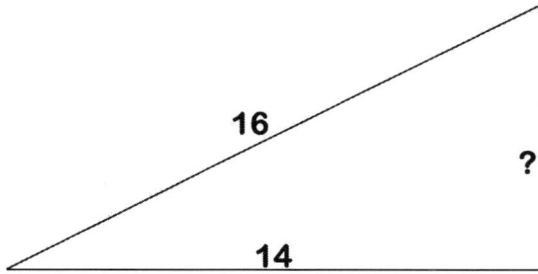

....

257.

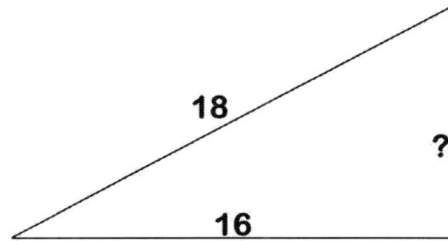

....

258.

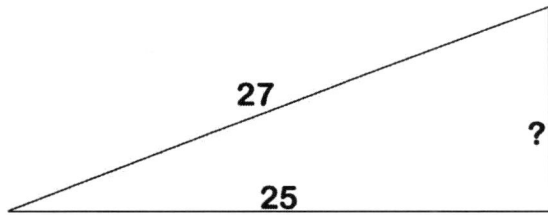

....

259.

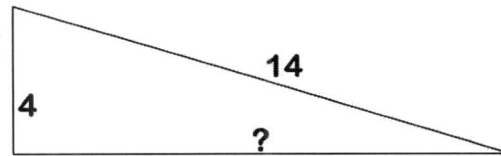

....

260.

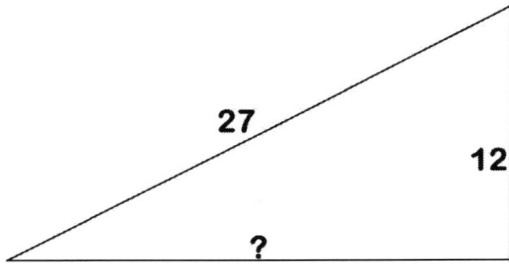

....

261.

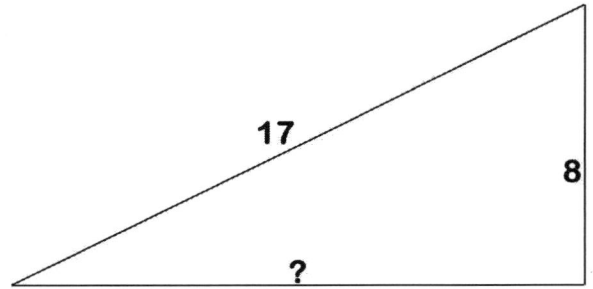

....

262.

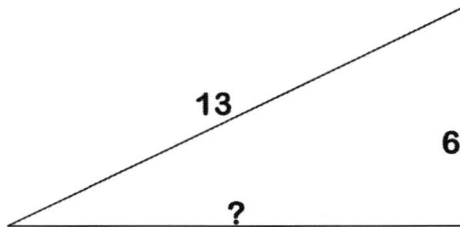

....

263.

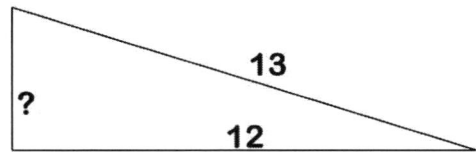

....

264.

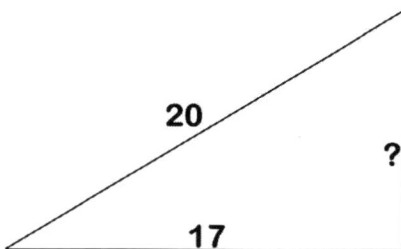

....

265.

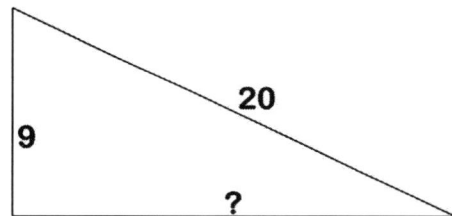

....

266.

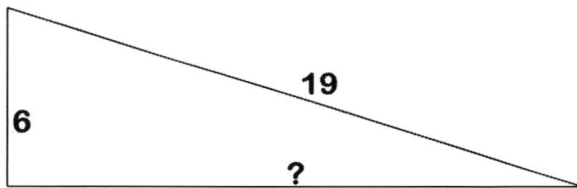

....

267.

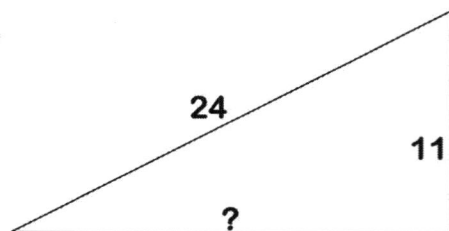

....

268.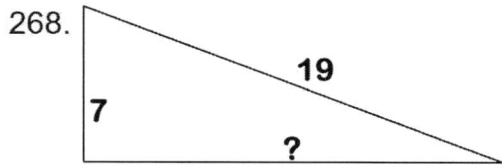

....

269.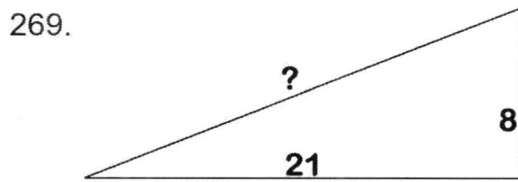

....

270.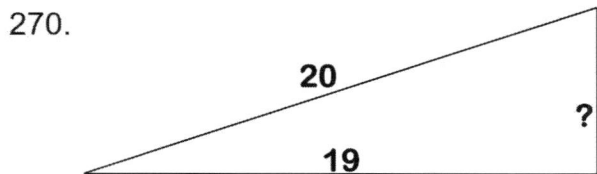

....

271.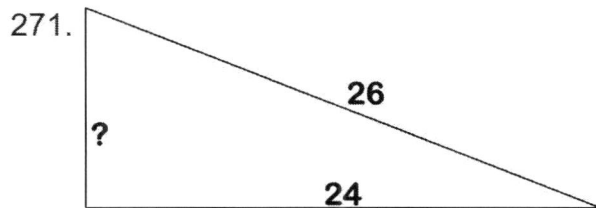

....

272.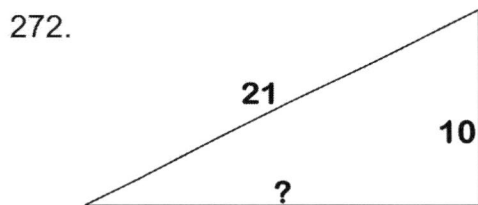

....

273.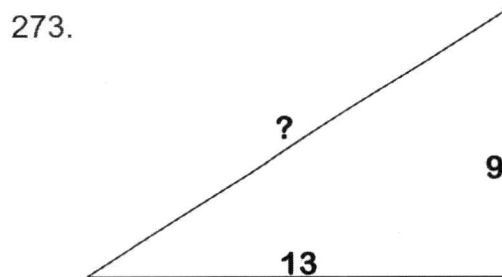

....

274.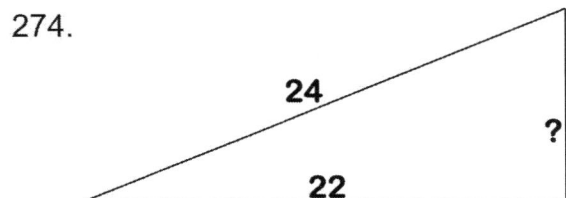

....

275.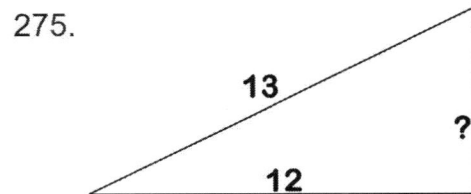

....

276.

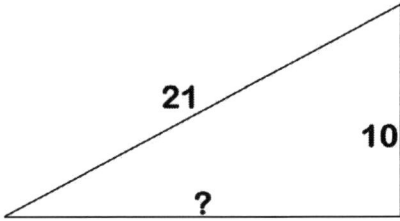

....

277.

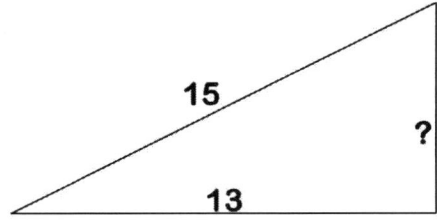

....

278.

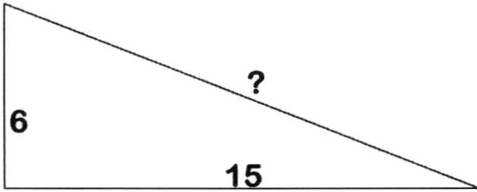

....

279.

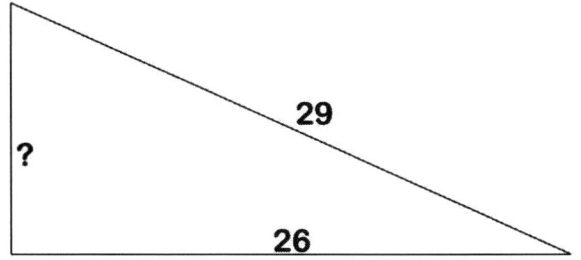

....

280.

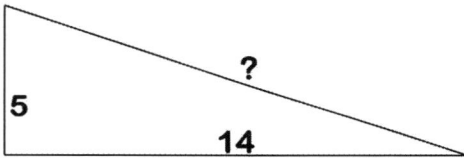

....

281.

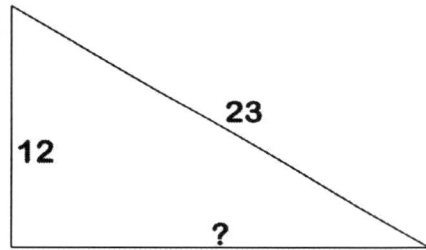

....

282.

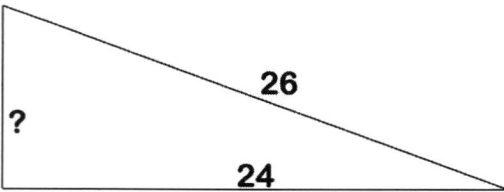

....

283.

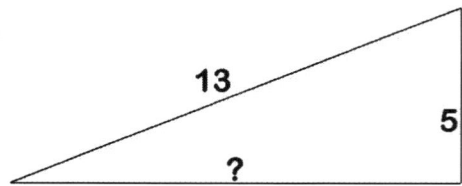

....

284.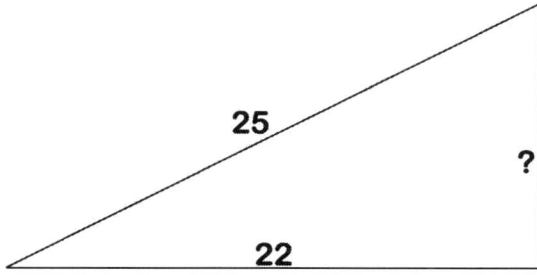

285.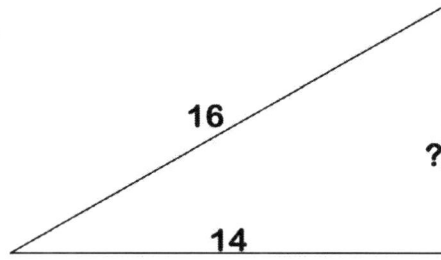

286.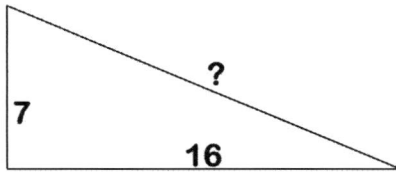

287.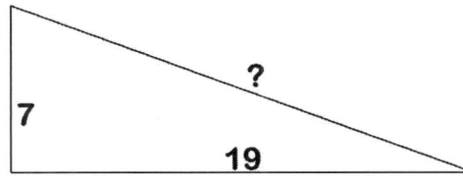

288.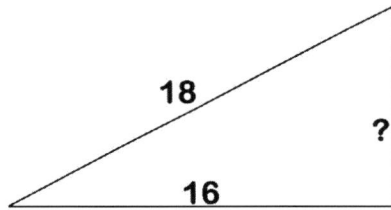

289.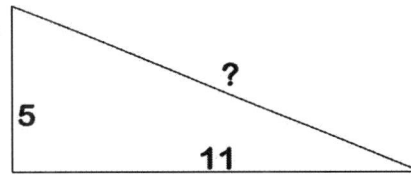

290.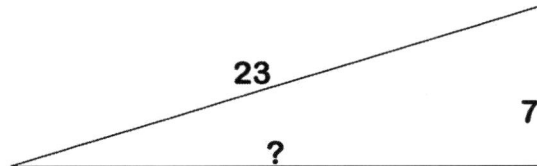

291.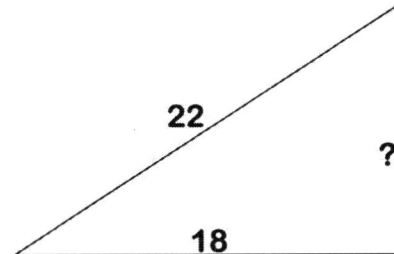

292.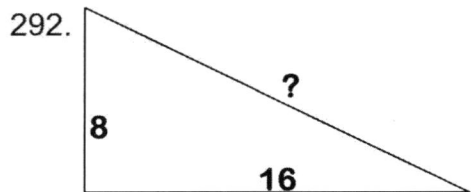

293.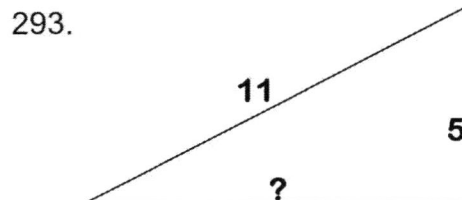

....

294.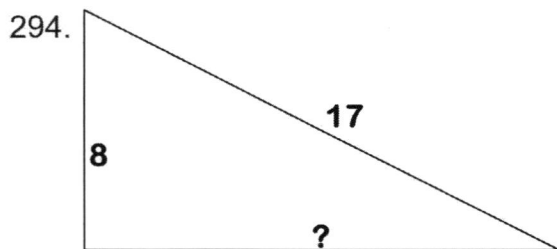

295.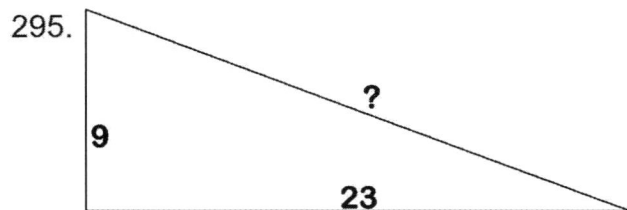

....

296.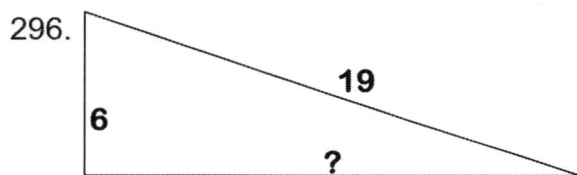

297.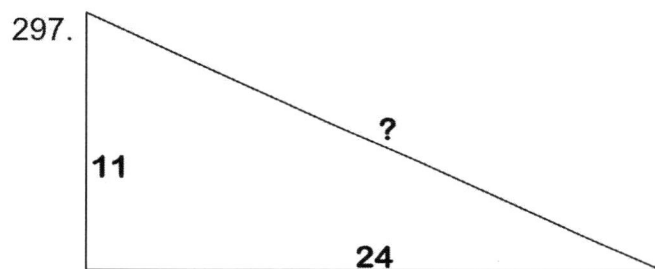

....

298.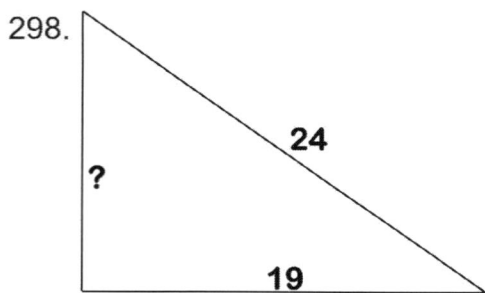

299.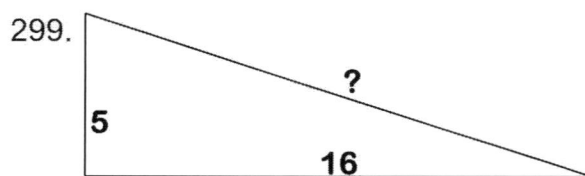

....

300.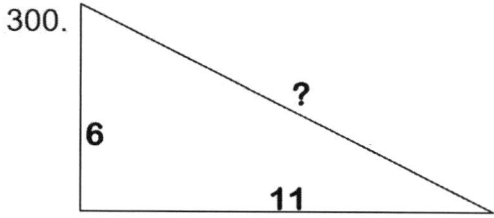

....

301.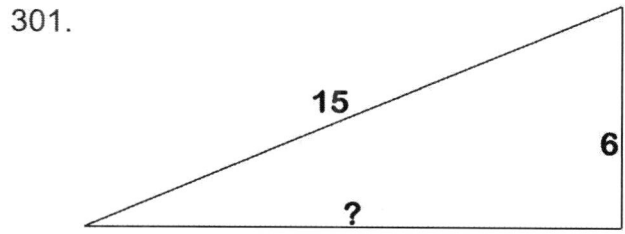

....

302.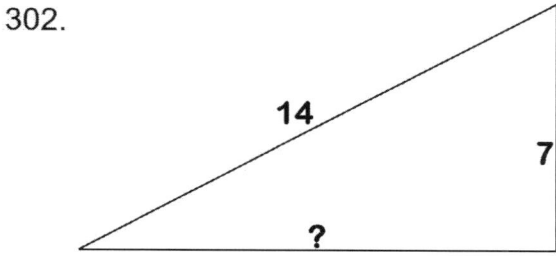

....

303.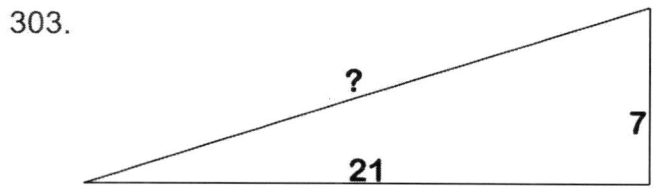

....

304.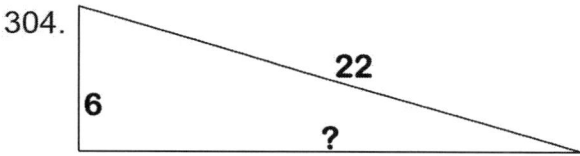

....

305.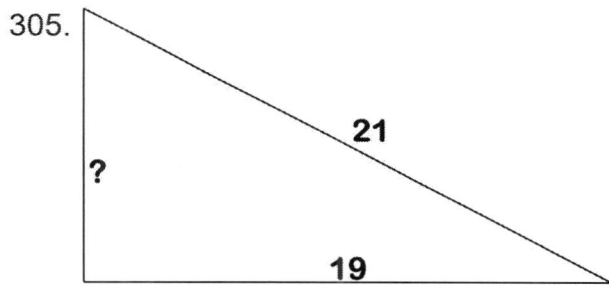

....

306.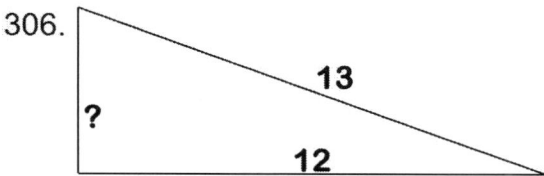

....

307.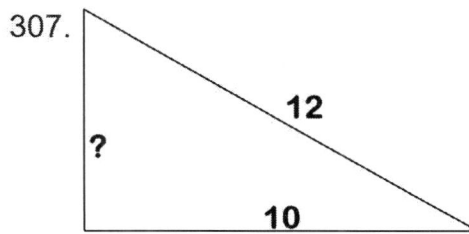

....

308.

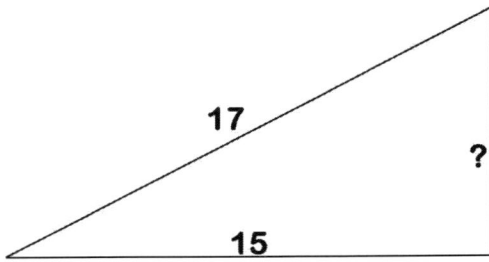

17

15

?

....

309.

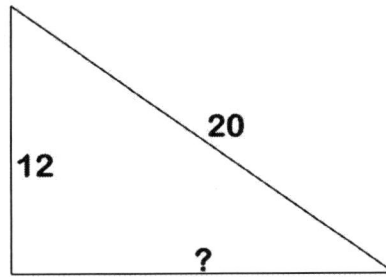

12

20

?

....

310.

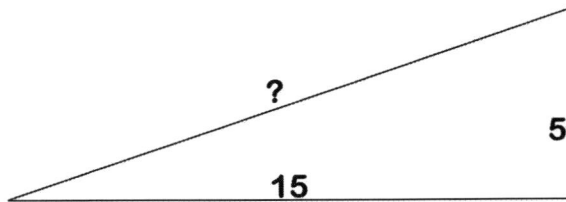

?

15

5

....

311.

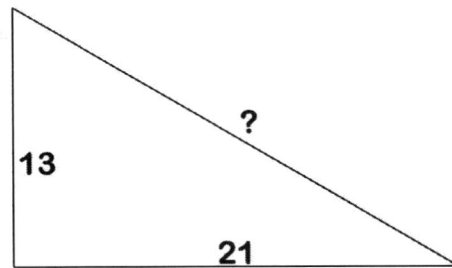

13

?

21

....

312.

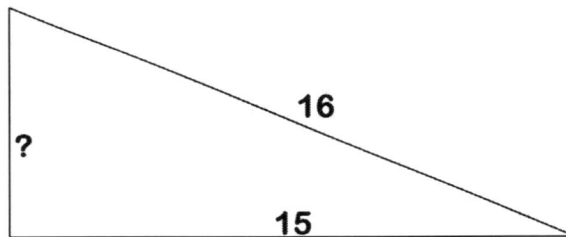

16

?

15

....

313.

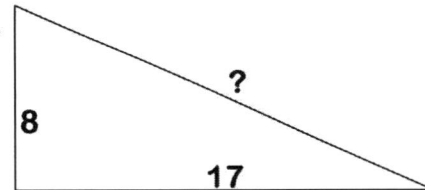

8

?

17

....

314.

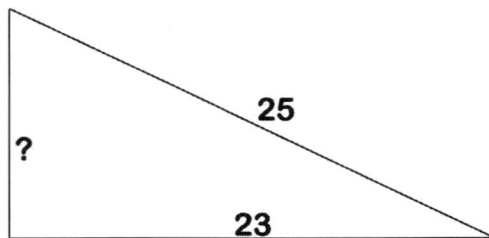

25

?

23

....

315.

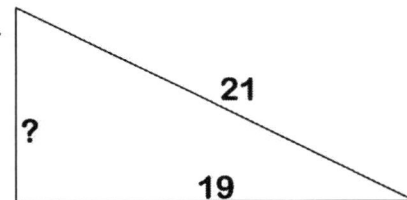

21

?

19

....

316.

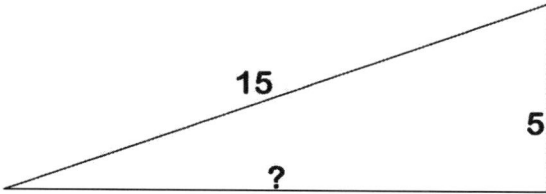

317.

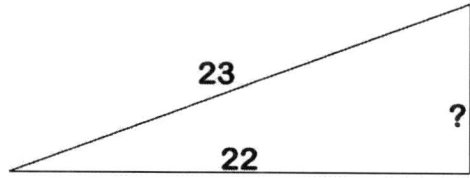

318.

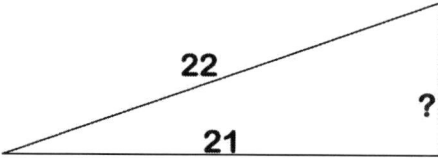

319.

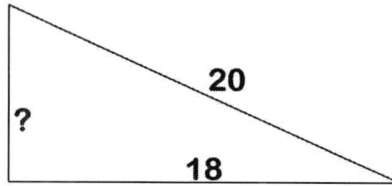

320.

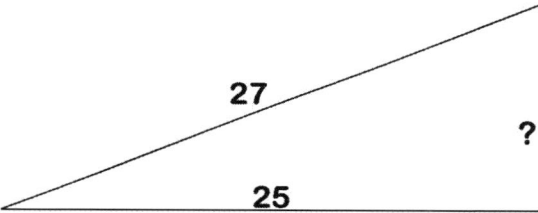

321.

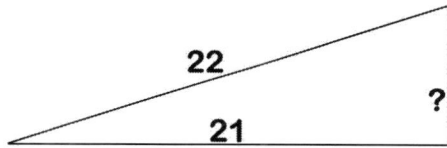

322.

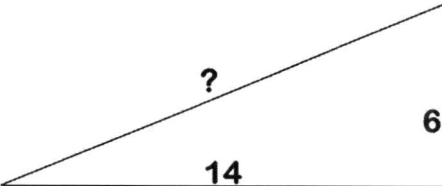

323.

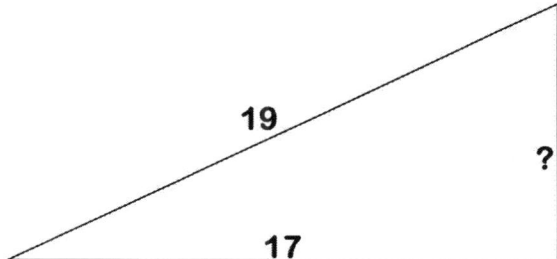

324.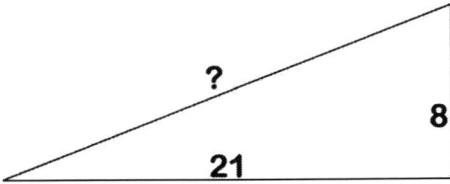

....

325.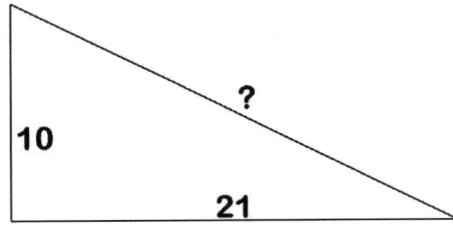

....

326.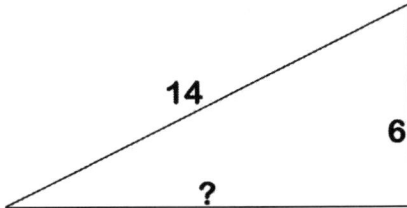

....

327.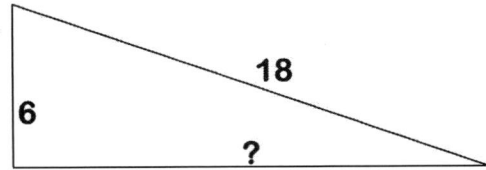

....

328.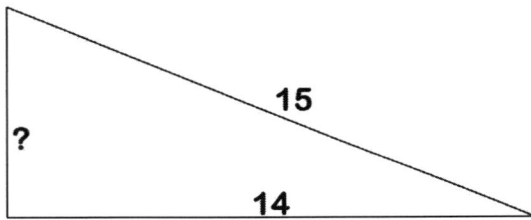

....

329.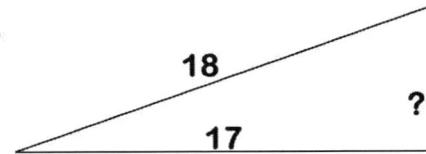

....

330.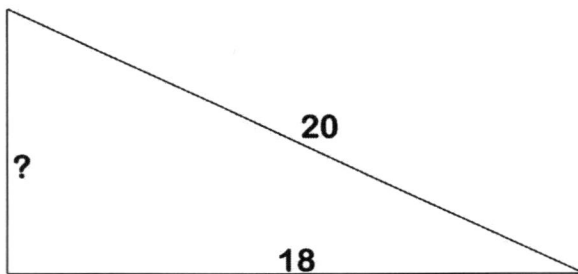

....

331.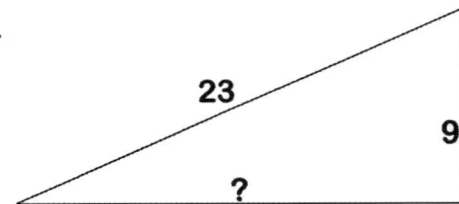

....

332.

6

?

20

333.

?

7

10

334.

21

?

18

335.

?

7

25

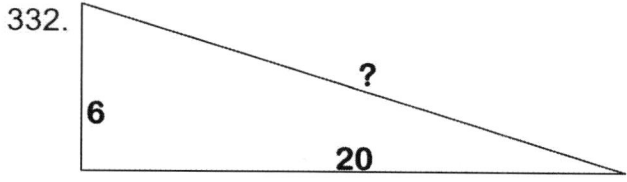

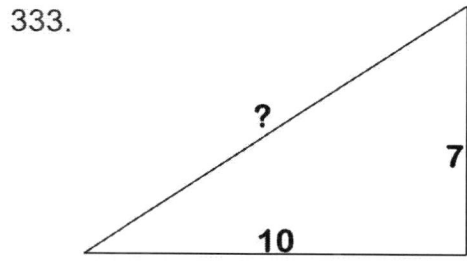

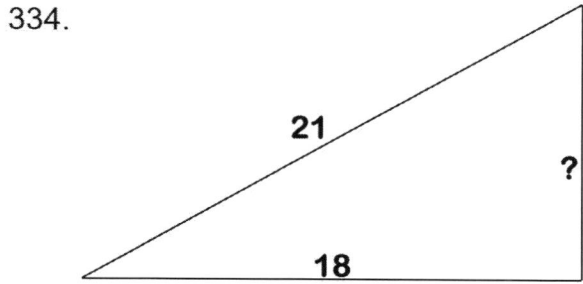

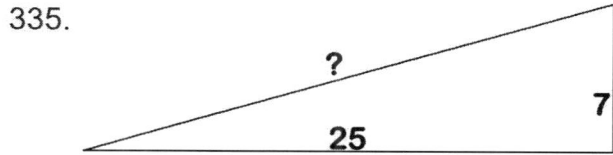

Find the volume.

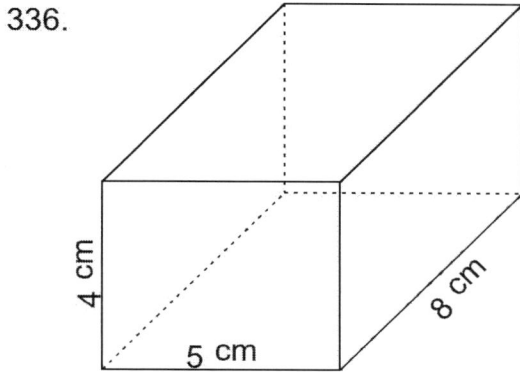

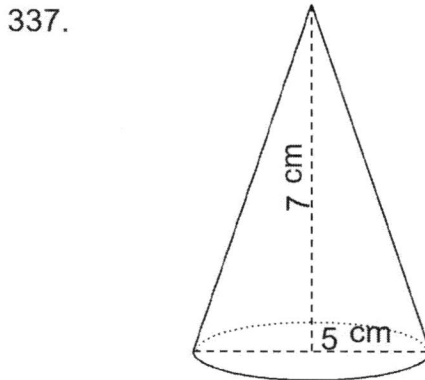

336.

4 cm

5 cm

8 cm

337.

7 cm

5 cm

338.

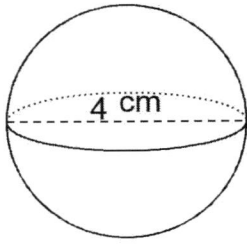

4 cm

....

339.

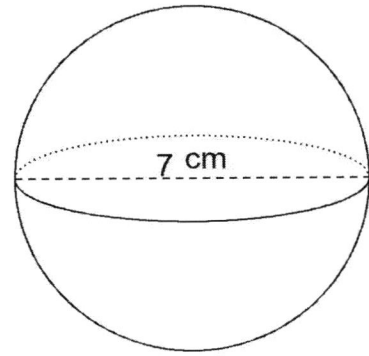

7 cm

....

340.

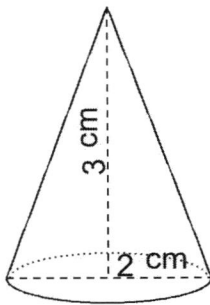

3 cm

2 cm

....

341.

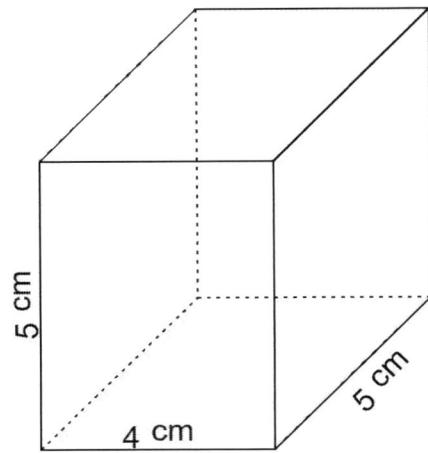

5 cm

4 cm

5 cm

....

342.

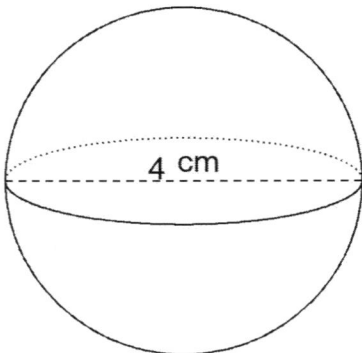

4 cm

....

343.

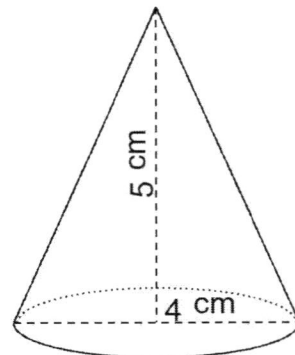

5 cm

4 cm

....

344.

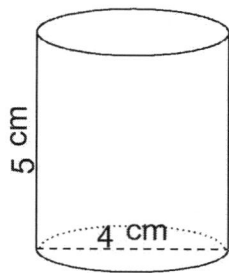

5 cm

4 cm

....

345.

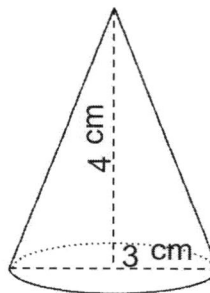

4 cm

3 cm

....

346.

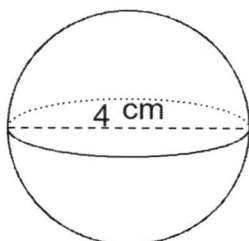

4 cm

....

347.

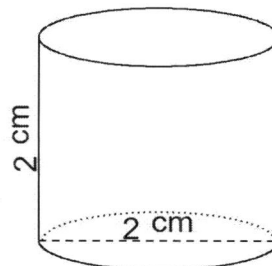

2 cm

2 cm

....

348.

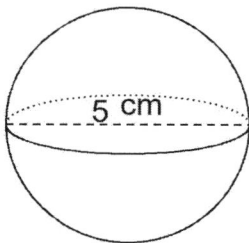

5 cm

....

349.

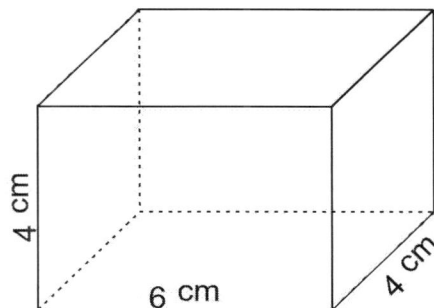

4 cm

6 cm

4 cm

....

350.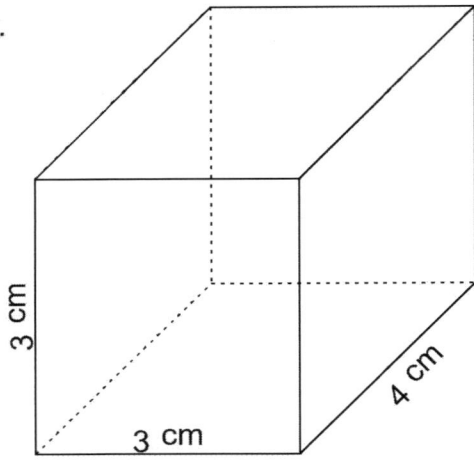

351.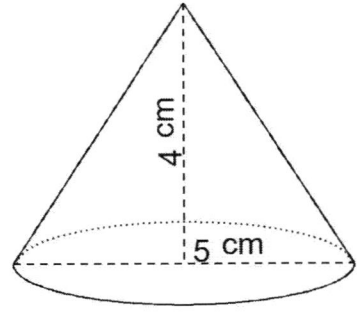

352.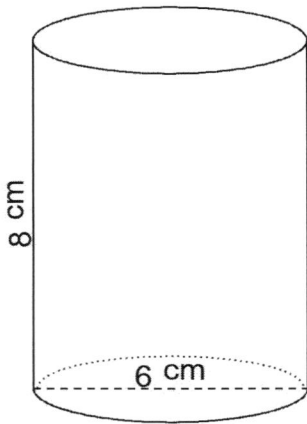

353.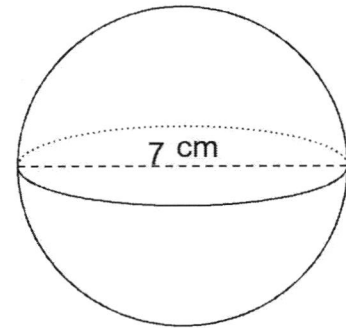

354.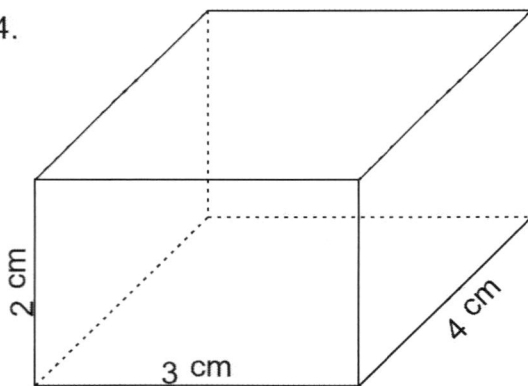

355.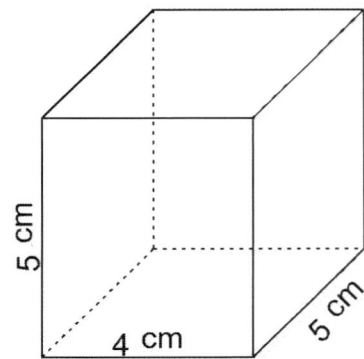

356.

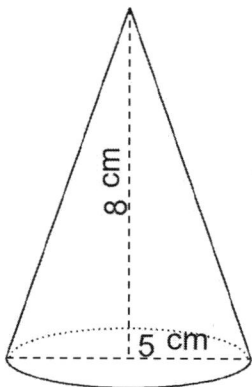

8 cm

5 cm

....

357.

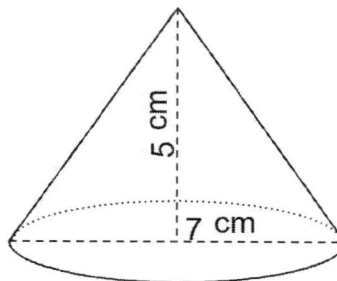

5 cm

7 cm

....

358.

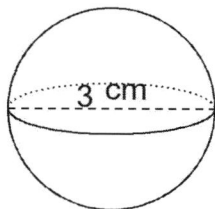

3 cm

....

359.

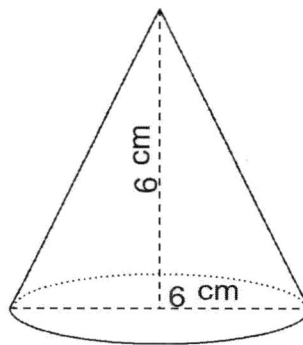

6 cm

6 cm

....

360.

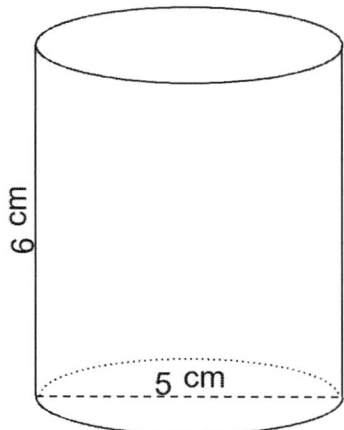

6 cm

5 cm

....

361.

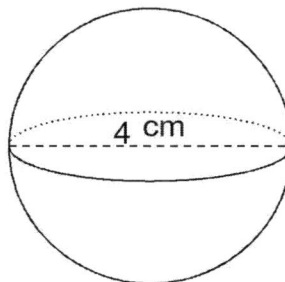

4 cm

....

362.

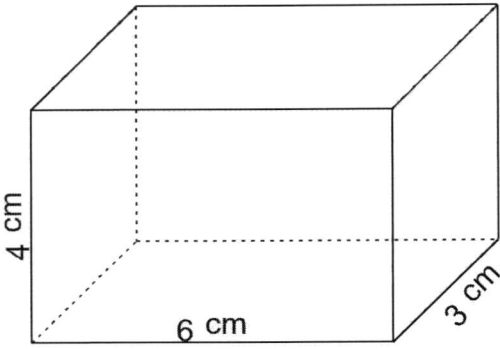

....

363.

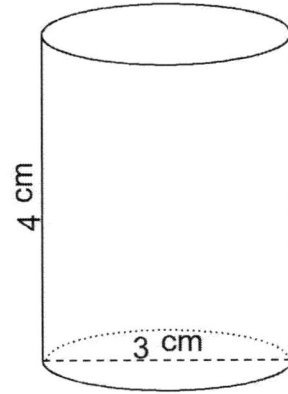

....

364.

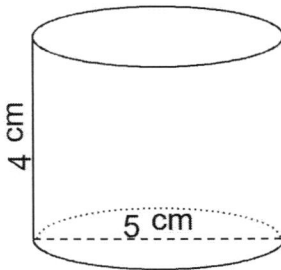

....

365.

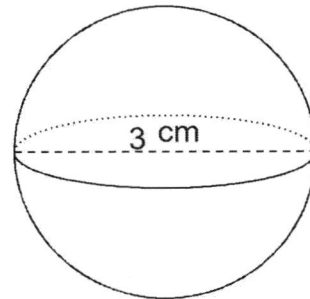

....

366.

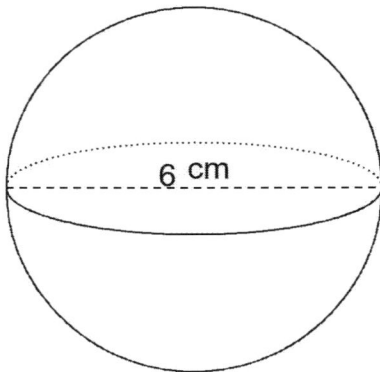

....

367.

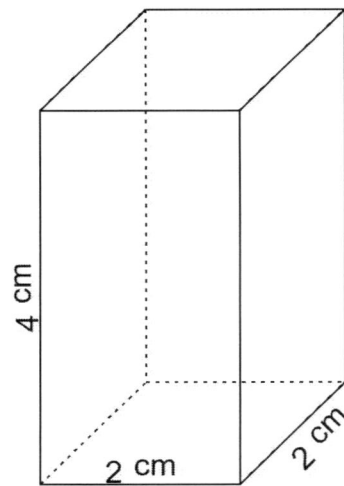

....

368.

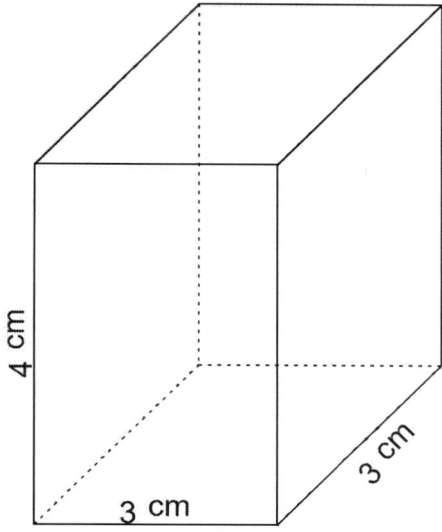

4 cm

3 cm

3 cm

....

369.

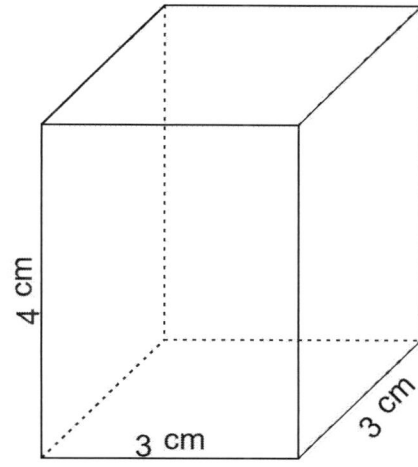

4 cm

3 cm

3 cm

....

370.

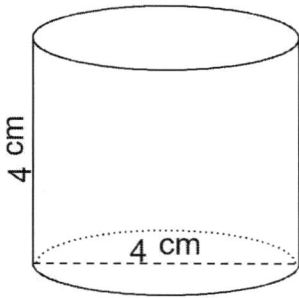

4 cm

4 cm

....

371.

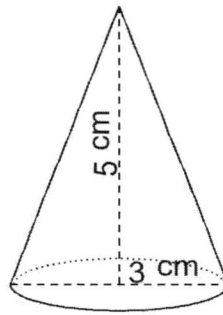

5 cm

3 cm

....

372.

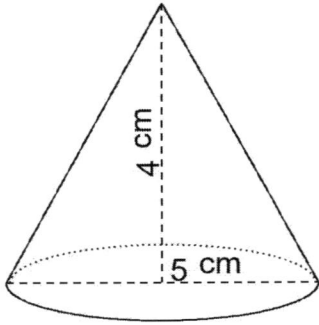

4 cm

5 cm

....

373.

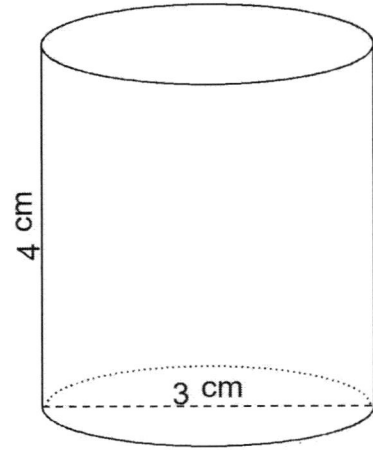

4 cm

3 cm

....

374.

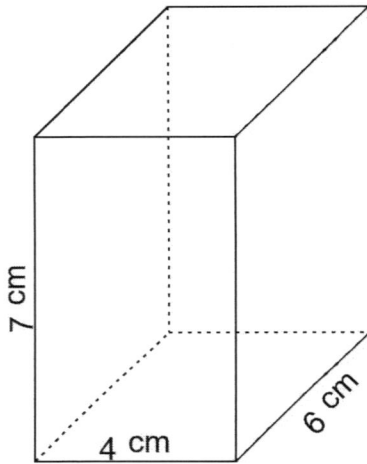

7 cm

4 cm

6 cm

....

375.

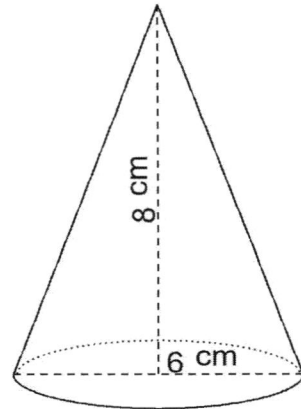

8 cm

6 cm

....

376.

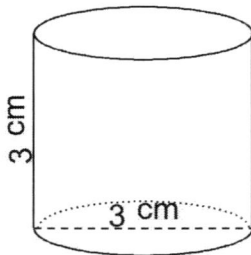

3 cm

3 cm

....

377.

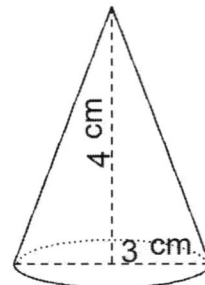

4 cm

3 cm

....

378.

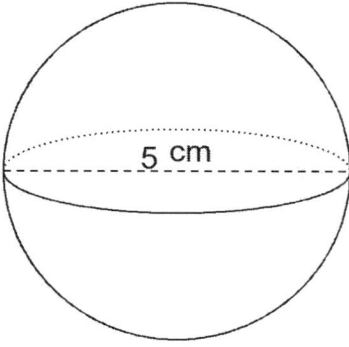

5 cm

....

379.

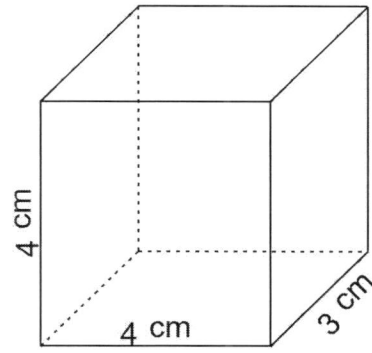

4 cm

4 cm

3 cm

....

380.

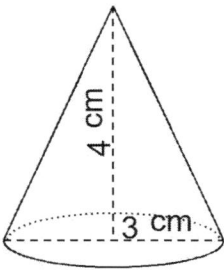

4 cm

3 cm

....

381.

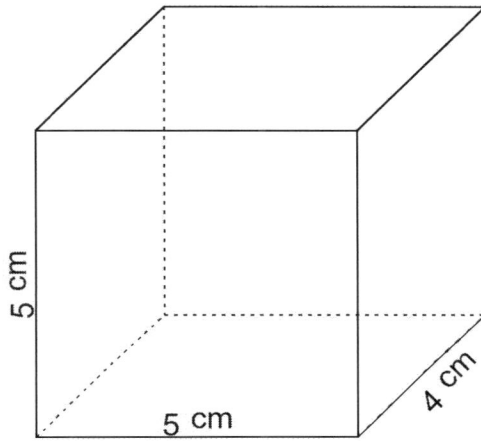

5 cm

5 cm

4 cm

....

382.

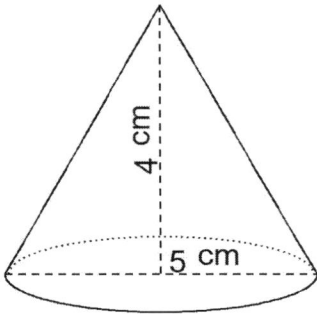

4 cm

5 cm

....

383.

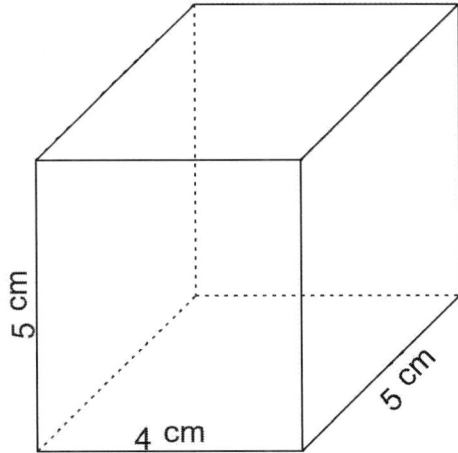

5 cm

4 cm

5 cm

....

384.

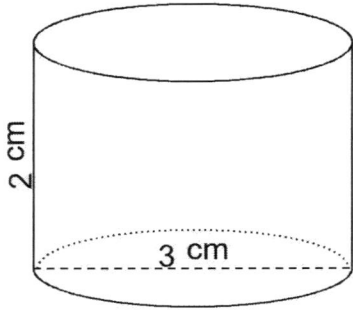

2 cm

3 cm

....

385.

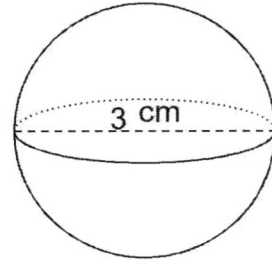

3 cm

....

386.

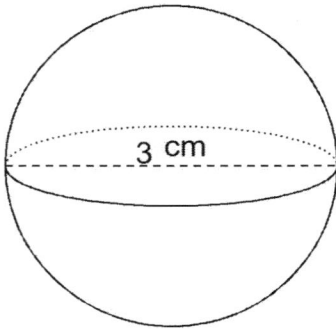

3 cm

....

387.

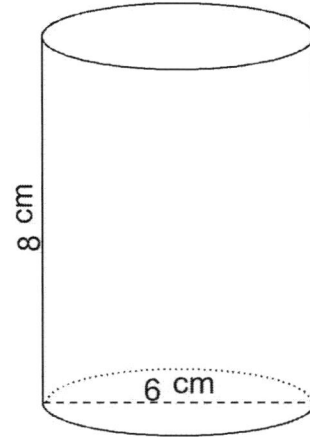

8 cm

6 cm

....

388.

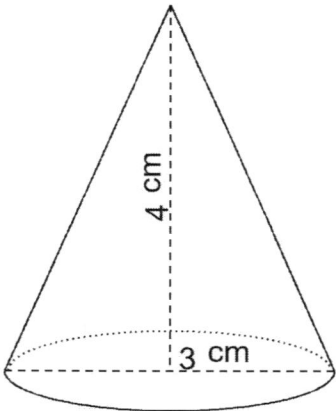

4 cm

3 cm

....

389.

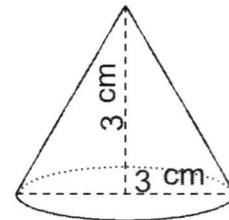

3 cm

3 cm

....

390.

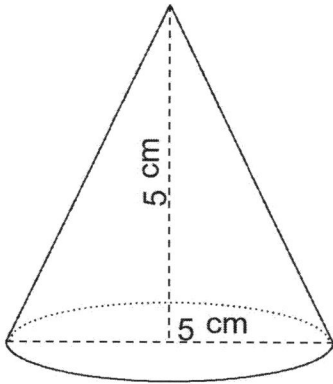

5 cm

5 cm

....

391.

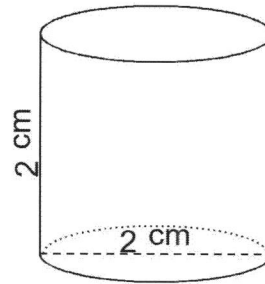

2 cm

2 cm

....

392.

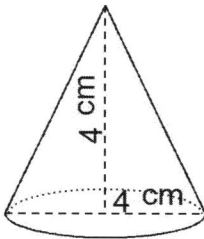

4 cm

4 cm

....

393.

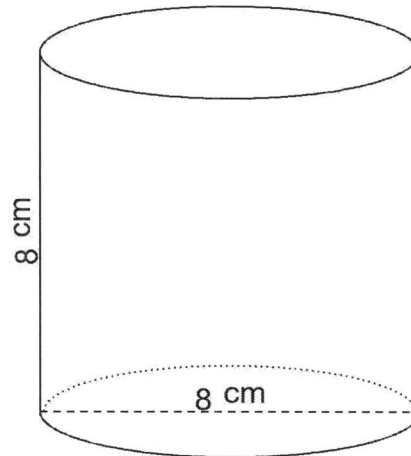

8 cm

8 cm

....

394.

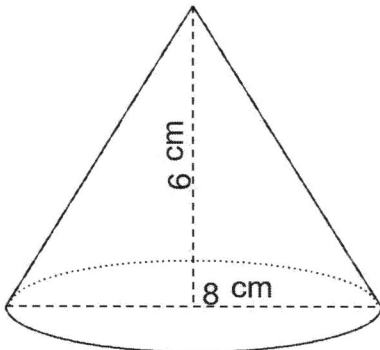

6 cm

8 cm

....

395.

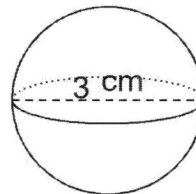

3 cm

....

396.

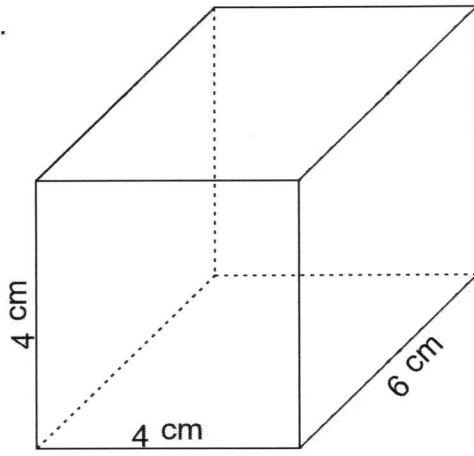

397.

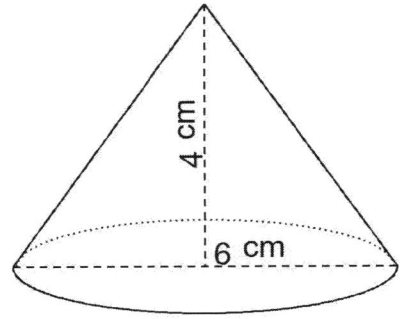

398.

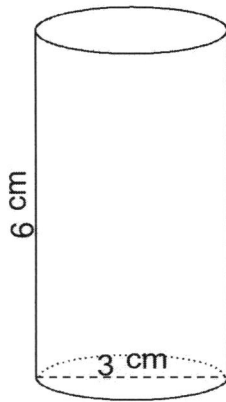

399.

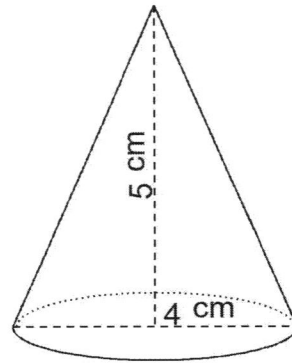

400.

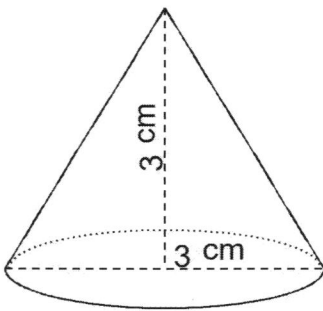

401.

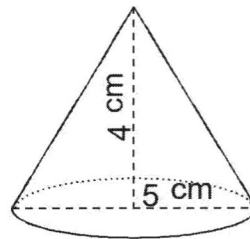

402.

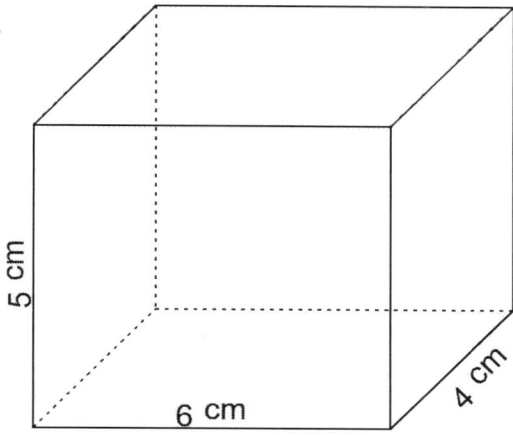

5 cm

6 cm

4 cm

....

403.

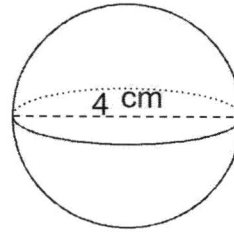

4 cm

....

404.

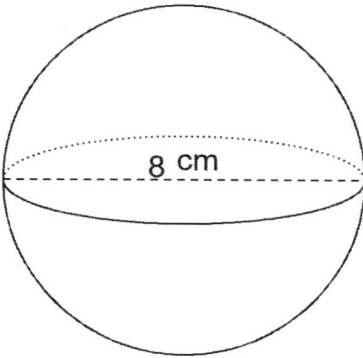

8 cm

....

405.

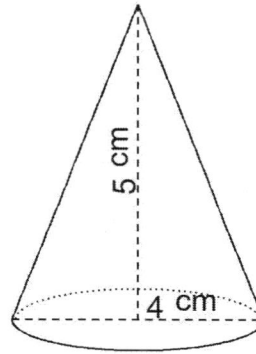

5 cm

4 cm

....

406.

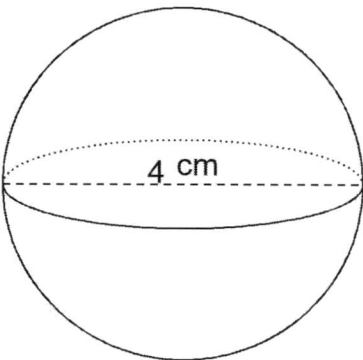

4 cm

....

407.

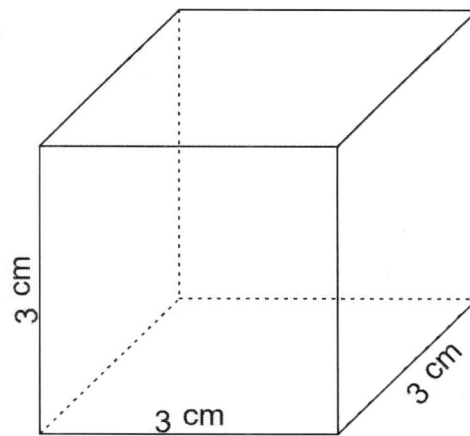

3 cm

3 cm

3 cm

....

408.

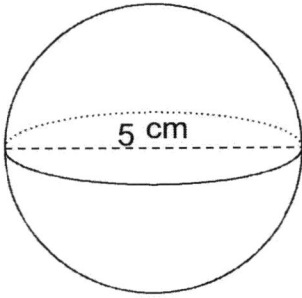

5 cm

....

409.

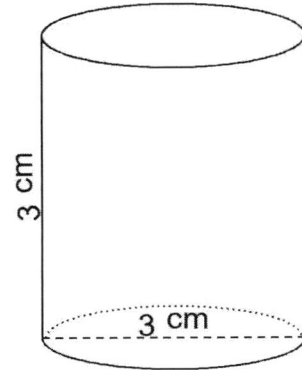

3 cm

3 cm

....

410.

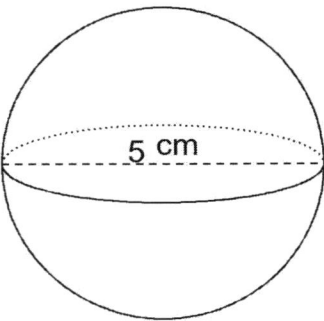

5 cm

....

411.

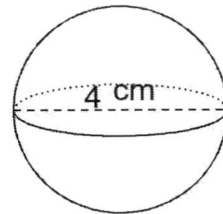

4 cm

....

412.

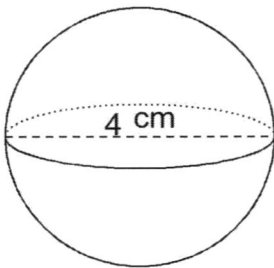

4 cm

....

413.

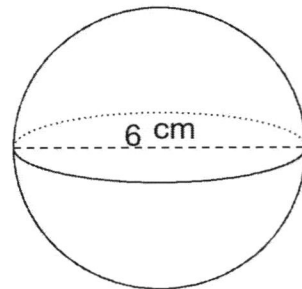

6 cm

....

414.

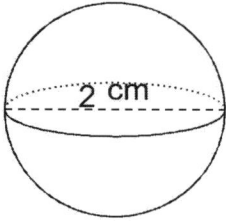

2 cm

....

415.

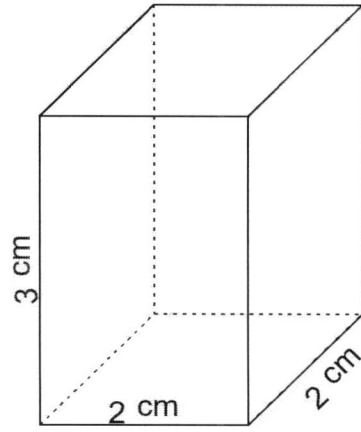

3 cm

2 cm

2 cm

....

416.

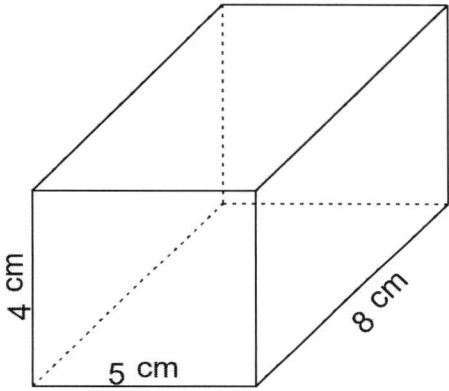

4 cm

5 cm

8 cm

....

417.

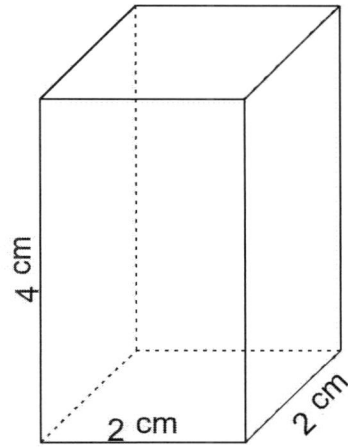

4 cm

2 cm

2 cm

....

418.

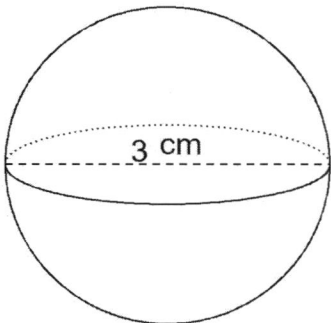

3 cm

....

419.

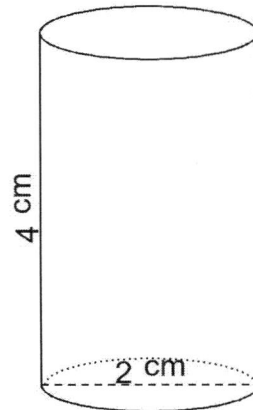

4 cm

2 cm

....

420.

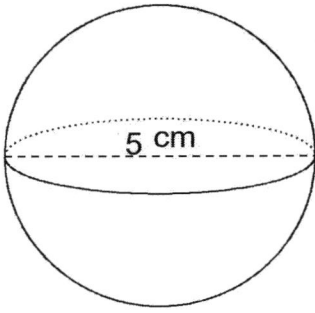

5 cm

....

421.

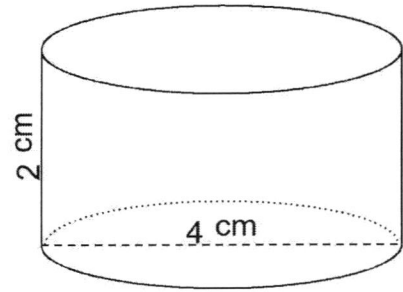

2 cm

4 cm

....

422.

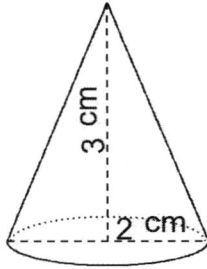

3 cm

2 cm

....

423.

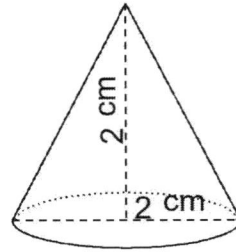

2 cm

2 cm

....

424.

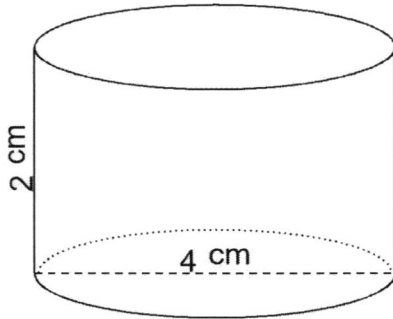

2 cm

4 cm

....

425.

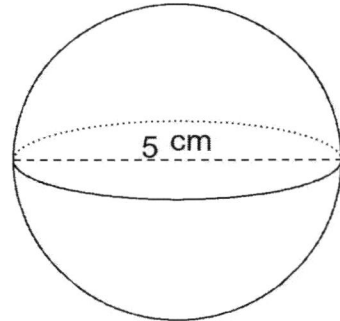

5 cm

....

426.

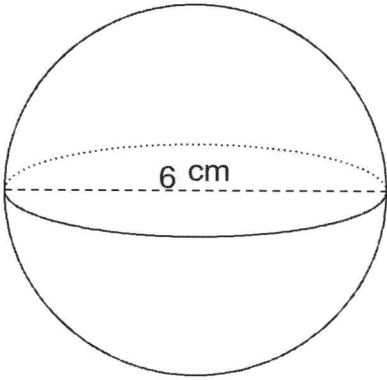

6 cm

....

427.

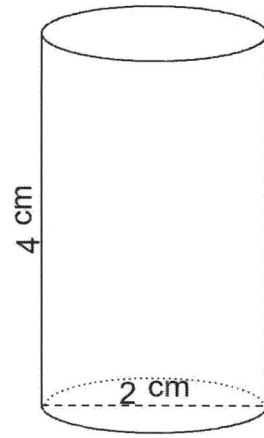

4 cm

2 cm

....

428.

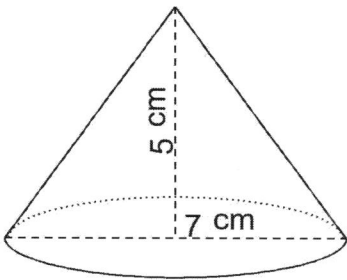

5 cm

7 cm

....

429.

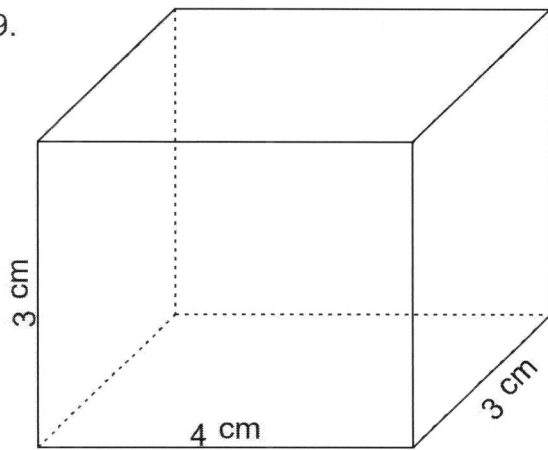

3 cm

4 cm

3 cm

....

430.

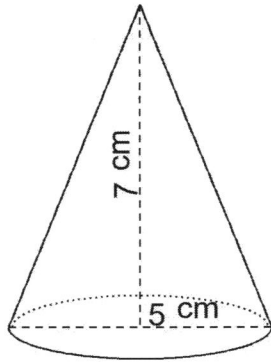

7 cm

5 cm

....

431.

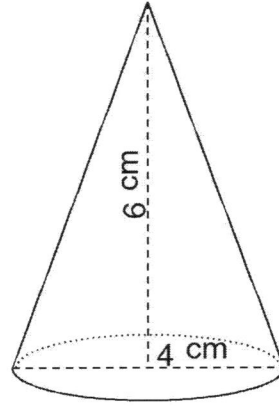

6 cm

4 cm

....

432.

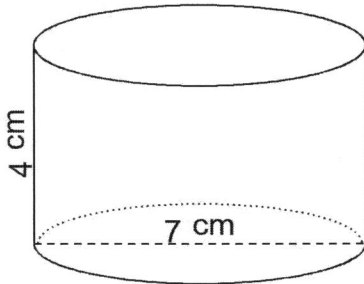

4 cm

7 cm

....

433.

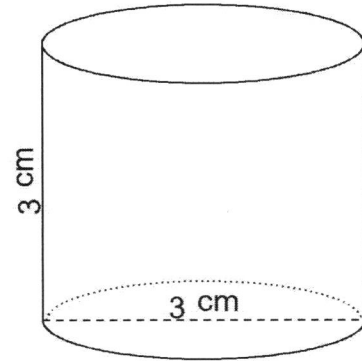

3 cm

3 cm

....

434.

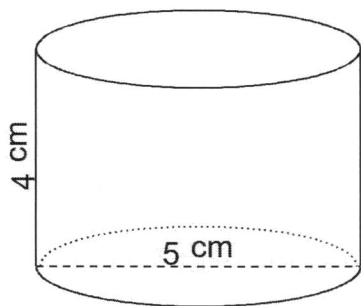

4 cm

5 cm

....

435.

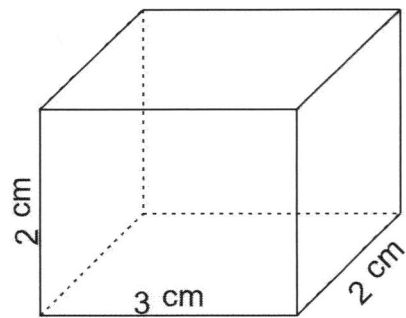

2 cm

3 cm

2 cm

....

Made in the USA
Las Vegas, NV
19 May 2022